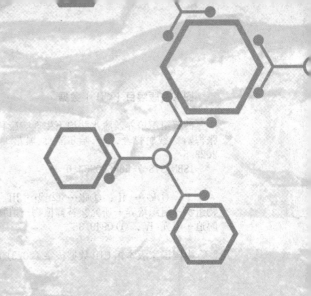

砂藓组织培养及脱水胁迫下生理响应和转录组学研究

张梅娟　钱朋智　著

黑龙江大学出版社
HEILONGJIANG UNIVERSITY PRESS
哈尔滨

图书在版编目（CIP）数据

砂藓组织培养及脱水胁迫下生理响应和转录组学研究 /
张梅娟，钱朋智著． -- 哈尔滨 ： 黑龙江大学出版社，
2023.5
　ISBN 978-7-5686-0963-0

　Ⅰ．①砂… Ⅱ．①张… ②钱… Ⅲ．①苔藓植物－植
物组织－组织培养－研究②苔藓植物－植物生理学－水分
胁迫－研究 Ⅳ．① Q949.35

中国国家版本馆 CIP 数据核字（2023）第 048923 号

砂藓组织培养及脱水胁迫下生理响应和转录组学研究
SHAXIAN ZUZHI PEIYANG JI TUOSHUI XIEPO XIA SHENGLI XIANGYING HE ZHUANLUZUXUE YANJIU
张梅娟　钱朋智　著

责任编辑　于晓菁
出版发行　黑龙江大学出版社
地　　址　哈尔滨市南岗区学府三道街 36 号
印　　刷　哈尔滨市石桥印务有限公司
开　　本　720 毫米 ×1000 毫米　1/16
印　　张　13.25
字　　数　210 千
版　　次　2023 年 5 月第 1 版
印　　次　2023 年 5 月第 1 次印刷
书　　号　ISBN 978-7-5686-0963-0
定　　价　52.00 元

本书如有印装错误请与本社联系更换，联系电话：0451-86608666。

前　言

苔藓植物是由水生向陆生过渡的植物类群之一,常被称为大自然的"先锋植物"。在长期的生物进化历程中,苔藓植物中的许多种类能在其他植物难以生存的极其严酷的生境(干旱、高温和低温等)中存活,形成了独特的适应能力,砂藓便是其中一种。砂藓是紫萼藓科砂藓属植物,能生长于裸露岩石、岩石薄土或石壁上,遭遇干旱胁迫时会停止各项生理活动,进入休眠状态,一旦外界环境重新出现水分供给便可立即复苏,恢复正常生长。由此推断,砂藓体内必然存在一系列应答逆境胁迫的高效、主效功能基因,它是研究苔藓植物耐旱特征的理想材料。因此,本书对砂藓的耐旱机制进行研究有重要意义。

本书运用组织培养技术建立砂藓配子体的再生体系,同时运用生理学和转录组学技术对脱水胁迫下砂藓的响应机制进行研究,力求为苔藓植物的耐逆机制研究提供重要依据。

本书共分为5章。其中第1章为绪论,简要介绍砂藓的特征、苔藓植物组织培养的意义及研究进展、苔藓植物耐旱机制研究进展、转录组学研究技术,以及本书研究的目的和意义;第2章介绍砂藓组织培养研究所需的材料、采用的实验方法,并对结果进行分析与讨论;第3章介绍砂藓对脱水胁迫的生理响应研究所需的材料、采用的实验方法,并对结果进行分析与讨论;第4章介绍脱水胁迫下砂藓转录组分析所需的材料、采用的实验方法,并对结果进行分析与讨论;第5章介绍砂藓信号转导通路相关基因的功能验证。

本书由齐齐哈尔大学张梅娟和钱朋智共同撰写。其中张梅娟撰写第1章、第5章及辅文,共约10.5万字;钱朋智撰写第2章、第3章和第4章,共约10.5万字。

本书可供生物学、生物技术等相关专业的本科生、研究生选读，也可供相关专业的教师与科技工作者参考。

由于笔者水平有限，因此书中难免存在不足之处，恳请广大读者批评指正。

张梅娟　钱朋智

2023 年 3 月

目　录

1 绪 论

1.1　引言

干旱胁迫是指在自然状态下,干旱使植物可利用水分缺乏而生长明显受到抑制。干旱胁迫是影响植物生长发育的主要因素,也是制约农业生产的重要原因之一。所有生命都必须适应它们所处的环境,植物如何感受和响应环境胁迫是一个根本性的生物学问题。了解植物在干旱条件下如何权衡生长发育和胁迫抗性或耐受性,从而提高植物的耐逆性,是全世界关注的焦点。

分子生物学技术不断得到深入研究和广泛应用。研究人员通过一定的处理方式使实验材料脱水(即引起脱水胁迫),模拟干旱胁迫,在基因构成水平、基因表达调控水平和信号转导水平研究植物的耐旱特征并寻找植物抵御干旱胁迫的机制,从而改造植物的耐旱特性,进一步开发和利用耐旱植物基因资源,这具有重要的经济意义和实用意义。在自然选择和进化的过程中,具有较强抗逆能力的野生植物中的基因可能具备更为强大的抗逆生物学功能。有研究者认为,目前的作物遗传育种更倾向采用野生植物的优异基因池对作物进行遗传改良。苔藓植物具有特殊的结构和耐旱能力,因此可作为研究植物耐旱性和发掘优异抗逆基因资源的首选材料,如山墙藓(*Totula ruralis*)在国外已成为研究植物耐旱机制的模式植物,小立碗藓(*Physcomitrella patens*)在国内外已成为研究植物基因功能的良好材料。

苔藓植物分布于世界各地,包括南、北两极和赤道,现存的苔藓植物种类数量仅次于被子植物,在全球累计有 23 000 余种。中国是苔藓植物大国,我国地理自然环境复杂,因而苔藓植物非常丰富。苔藓植物门可以划分为 3 个门,分别为苔类植物门、藓类植物门和角苔类植物门。苔藓植物是最古老的由水生向陆生过渡成功的植物类群之一,是植物进化过程中的关键节点和重要分枝。苔藓植物不同于其他高等植物,其构造较简单,没有真正的维管系统,在进化上较为低等,常被称为大自然的"拓荒者"。在长期的生物进化历程中,苔藓植物的许多科属种形成了一套特殊的适应恶劣环境的生理机制,能在干旱、高寒、高温和弱光等其他植物难以生存的极端环境中繁衍生长,一些耐旱种类能生活在裸露的岩石上,长期忍受干旱,而在复水后能瞬间恢复生活力,如收藏 19 年的丛本藓(*Anoectangium aestivum*)标本在复水后仍能维持生命力,山墙藓经受几个月甚至几十年的干旱还能保持生命力。苔藓植物强大的耐旱性是其他高等植物无法比拟的,它能忍受的干旱程度对其他高等植物而言是致死性的。苔藓植物如此独特、强大的耐旱能力究竟是如何形成的呢?这一直是研究者们密切关注的问题。有研究表明,苔藓植物具有简单的结构,对失水的敏感度比那些结构复杂的高等植物更高,其体内的水分一旦从表面散失,进行光合作用的组织就可快速与外界环境的水势进行平衡,从而限制体内水分的丢失,并能调节植物体温度,这与其他植物的耐旱机制有很大的差异。植物最原始的耐旱方式是组成型表达的,有研究者发现苔藓植物恰恰有此耐旱形式,这也间接说明苔藓植物具有独特的耐旱能力。

砂藓(*Racomitrium canescens*)是一种非常典型的耐旱苔藓植物,久旱后复水可瞬间恢复活力。但是,砂藓形体矮小,生长分散,与多种苔藓植物混杂丛生,且生长受季节和地理位置等影响,所以取材有一定的困难。解决这个问题的最好办法就是进行实验室内的大规模繁殖研究,保证材料的均一性和纯净性。因此,开展砂藓的组织培养并研究其如何响应脱水胁迫、如何适应脱水环境有重要的科学意义和实践意义。

1.2 砂藓特征简介

砂藓为紫萼藓科(Grimmiaceae)砂藓属(*Racomitrium*)植物,主要生长于高山地区岩石或砂土山坡上,为典型的耐旱藓类,分布于中国、日本、北美洲和欧洲等地。该植物的特征为:植物体粗壮,长达7~8 cm,上部呈绿色或黄绿色,下部呈褐色,密集或稀疏丛生;茎倾立,具少数不规则分枝,无分化中轴细胞;叶干燥时紧密贴茎覆瓦状排列,湿润时伸展,呈卵圆形至阔卵圆状披针形,从卵圆状基部向上呈短而略龙骨状背凸,宽0.8~1.0 mm,长2.2~2.4 mm,先端具白色透明毛尖,毛尖长,有瘤,边缘有细齿;两侧叶缘从基部到上部背卷;中肋相对短,为叶长的2/3或3/4,先端长分叉;叶中上部细胞呈圆方形或短长方形,宽7~9 μm,长7~11 μm,具粗瘤,壁波状;基部细胞呈长方形至长形,宽5~9 μm,长18~46 μm,具密瘤,强烈波状;角细胞明显分化,由10~15个大型、方形或短长方形平滑薄壁细胞组成,细胞宽10~29 μm,长9~23 μm;雌雄异株;蒴柄呈深褐色,直立,长约15 mm;孢蒴呈卵形或长卵形,直立,红褐色,长4~5 mm;蒴齿呈红褐色细长线形,两裂至基部,表面密布细瘤。

以前,在中国和日本,东亚砂藓(*Racomitrium japonicum*)多被错误认定为砂藓。与东亚砂藓相比,砂藓的主要识别特征如下:

①叶中肋较短,为叶长的 2/3 或 3/4,先端长分叉;

②叶上部略龙骨状背凸,干燥时紧密贴茎覆瓦状排列;

③叶细胞瘤明显大于同组的其他种;

④叶两侧边缘从基部至上部阔背卷。

1.3 苔藓植物组织培养的意义及研究进展

1.3.1 苔藓植物组织培养的意义

植物组织培养是指在人工控制的无菌模拟环境条件下,对离体的植物器官、组织、细胞或原生质体在适当的培养基上进行培养,最终获得完整植株,是一项无性繁殖技术。苔藓植物单倍体的配子体占生活史的主导地位,结构简单,染色体数目少,具有其他高等植物所没有的优势,是进行植物生理学、分子生物学研究的理想材料,如小立碗藓具有较高的同源重组频率,使基因破坏和基因敲除成为可能,在国外已经成为植物分子生物学研究的模式生物。但是,苔藓植物生长缓慢,形体矮小,且受地区、气候的影响,获得足量的材料用于研究较为困难,所以必须解决苔藓植物资源再生的问题,而利用植物组织培养技术快速繁殖苔藓植物可在短期内获得大量优质材料。

1.3.2 苔藓植物组织培养国外研究现状

苔藓植物是植物组织培养最先选用的材料,其历史可追溯到 20 世纪初期。研究人员尝试利用苔藓植物进行组织培养研究,还曾预言组织培养技术除了适用于苔藓植物外,还能适用于其他高等植物。但是,与苔藓植物组织培养相关的研究在很长时间内极少,直到 20 世纪 50 年代末才开始增加这方面的工作,并取得了一定的进展。

苔藓植物的愈伤组织是1957年由Allsopp对苔藓植物小叶苔(*Fossombronia pusilla*)和石地钱(*Reboulia hemisphaerica*)的孢子进行培养后获得的,其能在无机盐培养基上分化成正常的叶状体。1960年,研究人员首次在苔藓植物中获得了愈伤组织,他将大金发藓(*Polytrichum commune*)和波叶仙鹤藓(*Atrichum undulatum*)的原丝体接种到含不同物质的培养基上诱导产生了愈伤组织。1961年,研究人员对狭叶立碗藓(*Physcomitrium coorgense*)的叶和颈卵器壁进行培养成功获得了愈伤组织。此后,关于苔藓植物愈伤组织的研究越来越多。

随着研究技术的进步,人们开始对苔藓植物细胞悬浮培养进行研究。苔藓植物的细胞悬浮培养始于1977年,Ohta等人对苔藓植物地钱(*Marchantia polymorpha*)悬浮培养细胞的生长特点和叶绿素含量进行了分析。苔藓植物的细胞悬浮培养不同于其他高等植物,苔藓植物自身可分解成片状物,或者能自分泌激素从而改变生长环境,阻止原丝体分化,可使悬浮物保持在原丝体阶段,更加有利于进行其他方面的研究。此后,研究人员对多种苔藓植物成功进行了细胞悬浮培养,有关苔藓植物组织培养的研究迅速发展起来,相关研究成果日益增多。

研究人员发现,在培养过程中,不同激素、生长条件、培养基质等对苔藓植物愈伤组织和配子体的诱导是不一样的,其影响多样。1997年,Schnepf等人发现,脱落酸(ABA)能诱导正常生长的葫芦藓(*Funaria hygrometrica*)绿丝体内多枝细胞的形成。Bopp通过研究证明,向培养基质中加入不同生长激素会对苔藓植物原丝体到芽体的发育分化产生不同影响。2000年,Christianson通过研究证实,脱落酸能阻止细胞分裂素发挥作用,从而抑制葫芦藓原丝体上芽体的形成。2006年,Decker等人通过实验证明,细胞分裂素可以诱导绿丝体生成芽体,生长素(AUX)、强光和葡萄糖可诱导绿丝体细胞向茎丝体转变,脱落酸可使绿丝体细胞变为裂解细胞。2007年,Cvetić等人发现,生长素吲哚乙酸(IAA)能促进疣小金发藓(*Pogonatum urnigerum*)芽体的生长,而细胞分裂素6-苄基腺嘌呤抑制配子体生长,两种植物激素长时间处理都会使原丝体老化。2004年,Duckett等人发现,Baird-Parker氏培养基、Knop培养基和其他无机盐培养基对配子体的诱导效果都较好,无机盐培养液浓度降低会影响原丝体和芽孢的生长,但是并不影响配子体的生长。

1.3.3　苔藓植物组织培养国内研究现状

　　我国苔藓植物组织培养初期多是对孢子萌发和原丝体发育进行研究。1965 年,包文美和陈发生将葫芦藓孢子接种于培养基上进行培养,并观察了其萌发过程。1983 年,包文美和陈发生在液体培养基与琼脂培养基上观察了葫芦藓孢子的萌发过程。1986 年,高谦、张钺对苔藓植物的孢子萌发和原丝体发育进行了研究。1997 年,有学者研究了液体培养基 pH 值对 3 种苔藓植物孢子萌发及原丝体生长的影响。随后,有关苔藓植物孢子萌发和原丝体发育的研究逐渐多起来,大量研究成果公开发表。截至目前,已有 150 种以上苔藓植物的原丝体发育特征得到了实验研究。

　　我国关于生长物质和生长条件对愈伤组织的诱导以及配子体再生体系建立的研究则起步较晚,直到 2003 年才有相关报道。2003 年,高永超等人以牛角藓(*Cratoneuron filicinum*)幼嫩茎尖为材料,成功得到疏松易碎的愈伤组织,并分别研究了不同生长物质和蔗糖对牛角藓愈伤组织与悬浮细胞的影响。2005 年,潘一廷等人诱导和培养了小立碗藓的愈伤组织,并观察了其亚显微结构。2006 年,李晓毓等人以尖叶匍灯藓(*Plagiomnium cuspidatum*)为外植体,研究了其组织培养条件,初步建立了其再生体系。同年,陈静文对小立碗藓、真藓(*Bryum argenteum*)和小蛇苔(*Conocephalum japonicum*)进行了组织培养,诱导了小立碗藓和真藓的愈伤组织,完成了小立碗藓整个生活史的培养,并对真藓的土培进行了研究。2007 年,付素静以尖叶匍灯藓、梨蒴珠藓(*Bartramia pomiformis*)、角齿藓(*Ceratodon purpureus*)、鳞叶藓(*Taxiphyllum taxirameum*)和桧叶金发藓(*Polytrichum juniperinum*)为实验材料,探讨了这 5 种藓类的配子体再生及发育过程,最后成功诱导出了新的配子体。随后,多位学者以多种苔藓植物的配子体为外植体进行了初代培养条件筛选、愈伤组织诱导以及配子体再生体系建立研究,并研究了生长物质和生长条件对愈伤组织诱导的影响以及对配子体分化的影响,涉及溪苔(*Pellia epiphylla*)、柳叶藓(*Amblystegium serpens*)、红蒴立碗藓(*Physcomitrium eurystomum*)、大叶藓(*Rhodobryum roseum*)、暖地大叶藓(*Rhodobryum giganteum*)、大金发藓、毛尖紫萼藓(*Grimmia pilifera*)、东亚小金发藓(*Pogonatum inflexum*)、小石藓(*Weisia controversa*)、拟草藓(*Pseudoleskeopsis zippelii*)、淡叶长喙藓(*Rhynchostegium pallidifolium*)、东亚砂藓、真藓、多枝青藓(*Brachythecium fasciculirameum*)、细叶小羽藓(*Haplocladium microphyllum*)、山墙藓等。

1.4 苔藓植物耐旱机制研究进展

1.4.1 苔藓植物耐旱机制的生理学研究

植物的耐旱性是指在长期的自然选择下,植物在遭受干旱胁迫时能通过不同的途径来抵抗对其造成的伤害,从而继续进行基本正常的生理活动的特性。1979 年,Bewley 提出了植物耐旱的三个标准:一是细胞损伤在可修复范围之内;二是在脱水阶段保持生理完整性;三是再水化后调动修复机制,修复细胞所受的损伤。植物的耐旱机制是一个十分复杂的过程。研究脱水胁迫对植物造成的伤害以及植物如何响应脱水胁迫,是认识植物与环境关系的重要途径。在长期的生物进化历程中,苔藓植物中的许多种类形成了独特的耐旱机制,在脱水情况下会及时调整体内含水量,然后进入休眠状态,一旦得到合适的水分就可恢复正常的生理代谢活动,因此研究苔藓植物对脱水胁迫的生理响应有重要意义。

1.4.1.1 脱水胁迫对丙二醛(MDA)含量和膜透性的影响

当植物遭受脱水胁迫时,细胞膜最先感知外界的变化,发生氧化。细胞膜系统对外界环境改变的敏感性是研究植物适应逆境能力的依据,尤其是质膜和类囊体膜。植物中丙二醛的含量和膜透性是衡量膜系统受伤害程度的最重要标志,丙二醛含量可体现细胞膜过氧化程度。Dhindsa 等人的研究表明,在脱水胁迫下,苔藓植物中丙二醛的含量随胁迫强度的增加而上升。还有大量研究表明,随着脱水胁迫强度的增加,粗叶异毛藓(*Dicranella palustris*)中丙二醛的含量呈继续升高的趋势,山墙藓中丙二醛的含量没有变化,尖叶匍灯藓、青藓(*Brachythecium albicans*)中丙二醛含量的变化较小,直叶灰藓(*Hypnum vaucheri*)中丙二醛的含量呈先升高后下降的趋势。在山墙藓中,大部分电解质外渗发生于再水化最初的 5 min 内,并且外渗电解质的量取决于再水化前的干燥速度,快速脱水的山墙藓叶细胞在复水时受到的损伤比慢速脱水时大。

1.4.1.2　脱水胁迫对渗透调节物质的影响

渗透调节与植物耐旱性的关系一直是人们研究的热点。渗透调节是指植物在渗透胁迫条件下,细胞能累积脯氨酸和甜菜碱等有机物,提高细胞液的浓度,降低其渗透势,使植物适应胁迫环境。常见的渗透调节物质有无机离子、脯氨酸、可溶性糖、可溶性蛋白、甜菜碱、山梨糖醇和甘露醇等,其中对于脯氨酸和可溶性糖的研究较多。张显强等人发现,脱水胁迫处理后,鳞叶藓中可溶性糖的含量随胁迫强度的增加而升高,认为糖的积累对植物抵抗不良环境有一定的作用。徐杰等人研究苔藓植物氨基酸和营养物质组成时发现,苔藓植物体内的可溶性糖能够对脱水胁迫产生应激反应。沙伟等人对东亚砂藓旱后复水的生理指标进行分析,发现复水 2 d 内其可溶性蛋白含量的变化与一般植物体对脱水胁迫的反应一致,但在长期脱水胁迫条件下,东亚砂藓中可溶性蛋白的含量达到最大值,这可能是因为东亚砂藓在失水时产生了一些具有脱水保护功能的可溶性蛋白致使其含量增加。项俊等人研究脱水胁迫对尖叶匍灯藓、青藓和石地钱生理指标的影响时发现,3 种苔藓植物中脯氨酸的含量在植株正常生长状态下较低,在淹没胁迫时变化不大,在脱水胁迫时急剧上升(高于对照)。

1.4.1.3　脱水胁迫对保护酶系统的影响

植物正常生长时,体内虽然会产生大量活性氧,但不会对植物造成伤害,因为其产生与清除始终相对平衡。但当植物遭受逆境胁迫时,产生的大量活性氧(如超氧自由基、羟自由基等)不能被及时清除,会对植物造成伤害。为消除这种伤害,植物自身会进行调节与改变,形成活性氧清除系统以应对环境改变,如形成抗氧化酶体系,包括过氧化物酶(POD)、超氧化物歧化酶(SOD)、过氧化氢酶(CAT)、抗坏血酸过氧化物酶(APX)、脱氢抗坏血酸还原酶(DHAR)、单脱氢抗坏血酸还原酶(MDHAR)、谷胱甘肽还原酶(GR)、谷胱甘肽过氧化物酶(GSH-Px)等。它们能与一些非酶促的清除系统协同作用,与超氧自由基反应,清除部分过氧化物,形成植物抵御脱水胁迫的重要机制。有研究表明,苔藓植物不耐旱种类中脂质过氧化物的含量比耐旱种类中脂质过氧化物的含量高 5~6 倍,这可能是耐旱种类本身固有的抗脂质过氧化的机制在发挥作用。在脱水胁迫下,山墙藓缓慢失水时,体内约30%的谷胱甘肽(GSH)能被氧化成氧化型谷胱甘肽(GSSG),导致其抵抗氧化损伤的能力下降,但快速脱水时氧化型谷胱甘肽的含量没有升高,而再水化时却升高。沙伟等人研究脱水胁迫下东亚砂藓中超氧化物歧化酶、过氧化物酶含量的变化时发现,其含量达到较高值时开始迅速下降(不同于其他植物一直升高)。

1.4.1.4　脱水胁迫对叶绿素荧光特性的影响

叶绿素荧光作为研究光合作用的探针,得到了广泛的应用。叶绿素荧光与光合作用各个反应过程紧密相关,不仅能反映光能吸收、激发能传递和光化学反应等光合作用的原初反应过程,而且与电子传递、跨膜质子梯度建立、腺苷三磷酸合成和二氧化碳固定等过程有关,因此叶绿素荧光动力学参数可作为研究逆境条件下植物抗逆性的指标之一。叶绿素荧光动力学参数主要有初始荧光 F_o、可变荧光 F_v、最大荧光 F_m、光下最大荧光 F'_m、光下最小荧光 F'、光化学猝灭系数 q_P、非光化学猝灭系数 NPQ、实际光化学量子产量 $Yield$、电子传递效率 ETR 和最大光化学量子产量 F_v/F_m。

叶绿素荧光动力学技术具有快速、灵敏和无损伤等优点,因此越来越多地被用于研究苔藓植物对逆境胁迫的响应。Beckett 等人对用脱落酸处理的再水化期间的波叶仙鹤藓进行叶绿素荧光动力学研究,结果表明,与对照相比,处理组的 F_o、F_m、F_v/F_m、$Yield$ 恢复得更快,且在再水化的 1 h 内,F_o 和 NPQ 均较高,其中 NPQ 体现的非辐射能量驱散作用是非常重要的。有研究者发现,许多耐旱苔藓植物中存在高浓度叶黄素循环和高 NPQ。衣艳君等人运用叶绿素荧光动力学技术对毛尖紫萼藓脱水和复水过程中的叶绿素荧光变化进行了研究,结果表明,F_v/F_m、$Yield$、电子传递链及反应中心均能得到快速而有效的恢复,说明一定时间内的脱水不会对毛尖紫萼藓的光合作用器官造成严重伤害。

1.4.2　苔藓植物耐旱机制的分子生物学研究

自 20 世纪 70 年代起,研究人员开始对苔藓植物的耐旱性进行研究,尤其是对小立碗藓和极度耐旱的复苏植物山墙藓的研究,已深入到寻找抗旱基因的水平。

研究人员以小立碗藓为侵染植物,成功地将抗性基因导入其中,获得第一例转基因抗性苔藓,为以后苔藓植物的遗传转化奠定了基础。

随着分子生物学的发展,表达序列标签(EST)技术成为发现未知基因的重要方法,已应用于对小立碗藓、山墙藓的研究。从美国国家生物技术信息中心(NCBI)数据库中查得的小立碗藓的 EST 来自不同组织,且有大量序列未获得基因组注释,为小立碗藓的未知基因,这说明苔藓植物的基因表达机制确实不同于其他高等植物,有其独特性。

Frank 等人采用多种非生物胁迫对小立碗藓进行处理,发现其有 2 个互补脱氧核糖核酸(cDNA)片段与大肠杆菌的 *betA* 基因有较高同源性,该基因编码的蛋白为胆碱脱氢酶,能催化胆碱氧化为甜菜碱,且该基因在脱水胁迫时表达量上调。

Kamisugi 等人在小立碗藓中发现了 I 型胚胎发生晚期丰富蛋白(LEA 蛋白),该蛋白亲水性极高,能保护细胞免受脱水胁迫的伤害。当小立碗藓遭受脱水胁迫时,该基因的转录水平有所上调。

Saavedra 等人发现,通过克隆可从小立碗藓中获得 *PpDHNA* 基因,该基因与植物脱水素基因和山墙藓 *Tr*288 基因的同源性都很高,能编码甘氨酸蛋白,初步推断该基因在小立碗藓的逆境胁迫响应中发挥重要作用。

研究人员对小立碗藓的基因组进行测序,并与水稻(*Oryza sativa*)、拟南芥(*Arabidopsis thaliana*)、单细胞藻类进行比较,发现苔藓植物的基因特别丰富,可达 35 000 个,其中 20% 为研究人员前所未见的,并且有许多独特的变异和特有的响应水分变化的方法,还能修复脱氧核糖核酸(DNA)基因来应对光照造成的损害,因此有望通过研究苔藓植物揭示植物由水生到陆生转变的过程。

研究人员在小立碗藓中发现了水通道蛋白基因 *PIP2*;1、*PIP2*;2、*PIP2*;3。他们发现,在失水状态下,敲除其中任何一个基因的小立碗藓的茎叶体都比野生型更容易卷曲发皱,更容易失去细胞内的水分,这说明水通道蛋白基因在干旱状态下可以延缓细胞失水。

Richardt 等人运用基因芯片技术分析小立碗藓在脱水胁迫下的脱落酸响应和调控机制发现,脱落酸在脱水胁迫下发挥信号转导作用。

Scott 和 Oliver 对干燥的山墙藓进行复水处理,分离出 18 种 cDNA 并全部测序,经过研究发现,这 18 种 cDNA 也存在于干燥的山墙藓中,但是它们的蛋白合成模式已发生很大的变化,且干燥材料中没有响应脱水胁迫的转录活动。这说明在基因翻译成蛋白的过程中,其表达发生了变化。这与苔藓植物能在复水后瞬间恢复活力的事实相符。

Wood 和 Oliver 利用山墙藓 18 种 cDNA 中的 *Tr*288 基因,从缓慢干燥材料中分离鉴定再水化信使核糖核酸(mRNA),却发现有信使核糖核蛋白体(mRNP)产生,且此过程必须缓慢,一旦过快 mRNP 就不会积累。

Wood 等人建立了山墙藓的 EST 数据库,在 152 个 EST 中只有 30% 与数据库中的基因序列有一定的相似性,其中一部分是耐旱植物的基因,而那些未知的序列可能是苔藓植物独有的序列。

Chen 等人采用 EST 技术在山墙藓中分离出编码乙醛脱氢酶的 cDNA 片段 *ALDH*21*A*1,其在应对脱水胁迫过程中发挥重要作用,具有独特的胁迫耐受机理。

研究人员在研究不同胁迫条件下山墙藓的抗性基因时发现,山墙藓的干旱 EST 库中有 2 种基因,它们分别编码 ELIPa 蛋白和 ELIPb 蛋白,而这 2 种蛋白所在的家族是有抗旱性的 ELIP 家族。杂交分析结果表明,在各种胁迫下,这 2 种基因都会大量表达。

2004 年,Oliver 等人对山墙藓配子体进行快速干燥并再水化,构建了 cDNA 文库,共获得 10 368 条 EST 序列。其中 21.6% 的序列与数据库中的序列无任何相似性,为未知序列;已知序列中有很大一部分与 LEA 蛋白的相似性较高,对调控山墙藓恢复生命力起到关键作用。2009 年,Oliver 等人构建了缓慢干燥和干燥后复水 2 个阻抑消减杂交(SSH)库,发现了几种与抗旱有关的新机制:茉莉酸信号转导、蛋白酶体激活、可变剪接。随后,这些机制在其他高等植物中也得到了大量研究。

Peng 等人运用 EST 技术从山墙藓中分离出 *Trdr*3 基因,经过研究证明,*Trdr*3 是一种脱水素基因,能调控山墙藓配子体忍受脱水胁迫,在缓慢干燥过程中能增强转录因子的抗旱能力。

Liang 等人构建了小立碗藓细菌人工染色体(BAC)文库,共收集到 49 920 个细菌人工染色体克隆,并分离得到与逆境胁迫有关的 *LEA* 基因。

胡家构建了干旱处理及复水过程中小立碗藓的蛋白表达谱,最终鉴定出与抗逆相关的已知蛋白有 8 种。

杨红兰等人以齿肋赤藓(*Syntrichia caninervis*)为材料克隆得到 *ALDH21A1*,半定量反转录聚合酶链反应(PCR)检测结果表明,在遭受脱水胁迫时,其表达量显著高于水合状态,说明该基因可能参与脱水胁迫应答。他们还进行了实时荧光定量 PCR(qRT-PCR)检测和代谢途径实验,发现该基因参与抗逆途径,并对脱水胁迫和高盐胁迫做出响应。

宋晓宏采用 SMART 分析法构建了毛尖紫萼藓干旱 cDNA 文库,获得 1 045 条有效序列,他们运用 RACE 技术克隆获得了抗坏血酸过氧化物酶基因 *GpAPX*。qRT-PCR 检测结果显示,*GpAPX* 在干旱及复水条件下均能表达,表明其可能与抗旱性相关,即在毛尖紫萼藓响应脱水胁迫过程中发挥作用。

沙伟等人对毛尖紫萼藓和东亚砂藓进行了大量的研究,得到一定的成果。他们从宋晓宏构建的文库中筛选了编码真核启动因子 4E 的基因,进行电子克隆获得全长并验证。他们对毛尖紫萼藓 *LEA* 基因进行了克隆及表达分析,发现该基因在毛尖紫萼藓干旱及复水过程中均能被诱导表达。

于冰等人对东亚砂藓的 *Cu/Zn-SOD* 基因进行克隆,核酸序列比对(blastn比对)结果表明该基因与毛尖紫萼藓、小立碗藓相关基因的同源性高达 99% 和 82%,这为进一步研究紫萼藓科植物的抗旱性以及苔藓植物 *Cu/Zn-SOD* 基因在抗非生物胁迫方面的功能提供了理论依据与基础。

虽然关于苔藓植物耐旱性的研究取得了一定的成绩和进展,但与一些常用模式植物(如拟南芥等)相比,仍存在很大的差距。

1.5 转录组学研究技术

转录组的概念最早由 Velculescu 等人于 1997 年提出。转录组是指在某一状态下某物种特定组织或器官转录出来的所有转录物的集合,包括核糖体 RNA(rRNA)、mRNA、非编码 RNA(ncRNA)和转运 RNA(tRNA),即一个活细胞所能转录出来的所有 RNA 的总和。简言之,转录组学对基因表达情况的研究是从 RNA 水平上开始的。基因组是静态的,转录组却相反,它有时空上的限定,是动态的。在不同生长时期和环境下,同一物种或组织的基因表达情况会有很大差异。转录组学研究技术能从整体水平深入研究基因功能及结构,是研究某一物种表型和基因型的有效工具。

转录组学是继基因组学之后基于转录组发展而来的。在转录组学出现以前,对基因的研究并非大规模地进行,只是针对单个基因或几个基因的小型研究模式,转录组学的迅猛发展把生物学研究提高到一个新的台阶。转录组学是联系基因组学和蛋白质组学的纽带。蛋白质组水平的基因表达分析提供了一个可控制生物合成的快照过程,但是其中大部分是由转录组学平台调控的,需要通过其研究结果加以验证。转录组学研究可以作为蛋白质组学研究的基础,具有重要作用。同时,随着新一代高通量测序技术的发展,转录组学研究中的数据猛增。相信随着对转录组学研究的不断深入,发现更多生命科学新领域将成为可能。

一直以来,研究人员都很有兴趣了解细胞在不同状态下的基因差异表达,随着科学技术的发展,很多转录组学的研究方法被开发并广泛应用,涉及的技术主要分为三大类:一是基于杂交技术的基因芯片技术;二是基于桑格测序技术的 EST 技术、基因表达系列分析(SAGE)技术、高通量测序技术;三是基于高通量测序技术的 RNA 测序(RNA-Seq)技术。

1.5.1　基因芯片技术

基因芯片又称 DNA 微阵列、生物芯片,是 20 世纪 80 年代中期人们根据计算机半导体芯片的制作技术提出的。真正拉开基因芯片发展序幕的是,Schena 等人于 1995 年在 *Science* 上发表了应用基因芯片技术检测拟南芥基因表达水平的相关研究成果。该技术的出现为转录组学研究提供了新的方向。

基因芯片技术的核心是"杂交信号的检测",其与 Southern 印迹杂交和 Northern 印迹杂交在本质上是一致的,即通过已知的核酸序列测定未知的核酸序列,但其探针密度很高,具有传统方法无可比拟的高通量,弥补了二者的不足。该技术可以在同一时间定性、定量地分析大量序列,且可运用各种不同特色的探针和特定的分析方法,因此其应用范围较为广泛,如可用于寻找新基因以及基因表达谱测定、基因多态性分析、核酸突变检测、基因组文库作图、杂交测序等,可以大大提高基因转录的检测通量。

基因芯片技术虽然促进了转录组学研究的进展,但该技术仍存在许多难以解决的问题,例如:检测灵敏度低,主要体现在样品的制备和信号的获取、分析上;难以检测到低丰度的 mRNA 以及目的基因的微小变化,且必须采用其他技术(如 qRT-PCR 和 Northern 印迹杂交等)对其结果进行验证;分析范围较小,无法检测到未知基因。

1.5.2　EST 技术

EST 技术是由 Adams 等人于 1991 年首次提出的,发展该技术的最初目的是寻找人类新基因。EST 以编码蛋白质的 mRNA 为基础,构建某一状态下特定物种的 cDNA 文库,并在文库中随机选择克隆进行大规模测序,获得基因部分乃至全长 cDNA。将 EST 技术用于转录组学研究的优点为:一是所覆盖的物种比较多;二是可大规模发现新基因,并研究基因的功能;三是若将 EST 定位于基因组,则其也可作为基因组的一种标记序列。

然而,EST 技术的发展也存在一些困难,例如:存在外源 mRNA 或基因组 DNA 污染;低丰度的表达基因不易获得;测序所得的序列很短,无法获得完整的表达序列;冗余度较高,进行高通量、大规模的测序较困难,且费用较高。

1.5.3　SAGE 技术

SAGE 技术是 Velculescu 等人于 1995 年研究人胰腺基因表达情况时提出的。早期的 SAGE 技术成功率不是很高,研究人员先后对该技术进行了不同方面的改良,提高了该技术的效率,极大地推动了转录水平上基因组的研究进展。

SAGE 技术的基本原理是:将转录物内特有的 9~14 bp 的短核苷酸序列定义为标签,将这些标签串联起来,然后克隆到载体上进行测序,获得转录产物的特异序列,分析出对应的表达基因的种类,从而确定基因的表达丰度。SAGE 技术已得到较广泛的应用,如制作基因组转录图谱、全面获得基因组表达信息、寻找新基因等,其已成为高效的基因表达研究技术。

SAGE 技术虽然取得了巨大进展,但还有一些不足之处,如工作量大,成本高,所需样品量较大(对珍稀物种的测序显得尤为困难),对所得标签的确认有一定的难度,等等。因此,须将此技术与其他技术结合使用,才能完整、全面地分析和研究基因表达情况。

1.5.4 高通量测序技术

随着科学技术的发展,基因组测序需要进行大规模的重复测序和深度测序,而桑格测序技术(第一代测序技术)已不能完全满足这些需求,因此高通量测序技术应运而生。高通量测序技术也称深度测序、大规模平行测序、第二代测序技术。高通量测序技术是由 Brenner 等人于 2000 年建立的以基因测序为基础的新技术,是对 SAGE 的改进,可以获得更长的标签。

高通量测序技术的优点是:通量高,测序时间短,可一次同时对几十万条至几百万条 DNA 序列进行测序;简化了测序过程,能保证基因的高特异性;适用于大多数生物,无须预知基因的任何信息;具有高分辨率,可对表达水平较低、差异较小的基因进行测定,能测定出样品中几乎所有表达了的基因,相对于 SAGE 技术有更高的精度。高通量测序技术是对一个物种进行基因组或转录组深度测序的首选方法,已在新基因的发现、抗性基因的识别以及研究逆境胁迫中基因的转导通路和基因的作用等方面得到广泛应用,具有重要价值。

尽管高通量测序技术具有微型化、高通量等优点,但其仍然基于成本较高的桑格测序技术,且只能分析转录物的部分序列,无法从整体上研究基因结构,也无法分辨出可变剪接产生的不同转录物。

1.5.5 RNA-Seq 技术

RNA-Seq 是一种新的转录组学研究方法,被认为是转录组学发展史上的一次大革新。RNA-Seq 技术又称转录组测序技术,是利用新一代高通量测序平台进行的 cDNA 测序技术。该技术不受基因组限制,能对基因组图谱尚未完成的物种展开转录组分析,能在单核苷酸水平对某一物种的整体转录活动进行检测,全面、快速地获得该物种特定器官或组织在某一状态下的几乎所有转录物信息。该技术在生物学研究、临床研究和药物研发等领域有重要的应用价值。

RNA-Seq 技术的流程为:用带寡脱氧胸腺苷酸[Oligo(dT)]的磁珠将 mRNA 从提取的总 RNA 中富集出来(若为原核生物,则须去除 rRNA),利用片段化缓冲液将 mRNA 片段化,再反转录成双链 cDNA,经过试剂盒纯化及 EB 缓冲液洗脱后进行末端补平和磷酸化,并在 3′端加 poly(A)尾,在两端连接特定的测序接头,然后用高纯度琼脂糖凝胶电泳分离出长度为(200±25) bp 的 cDNA 片段,最后进行 PCR 扩增,建立 cDNA 文库,采用高通量测序仪进行大规模测序,获得大量的序列信息,从而获得整个细胞或组织的转录组信息。

RNA-Seq 技术是一种准确、快速、性价比高的转录组学研究方法,具有以下独特之处:

①无交叉反应,背景信号小,灵敏度高,可以检测细胞中少至几个拷贝的低丰度的稀有转录物;

②动态检测范围广,高达 6 个数量级;

③重复性较好,所需样品量少,尤其适用于对稀有生物样品进行检测;

④无须预先知道物种的基因信息,可对任何物种进行转录组从头测序(特别适用于数据库中无基因组信息的非模式生物),同时能检测未知基因,发现新的转录物;

⑤能精确识别基因序列的变化,如检测可变剪接、基因融合、编码区(CDS)内单核苷酸多态性、内含子边界和非翻译区。

由于 RNA-Seq 技术可以得到高丰度的转录物,且有极高的精确度和较低的检测限度,因此其在生物学研究中发挥巨大的作用,主要涉及以下几个方面:

(1)转录物结构研究

RNA-Seq 技术在单碱基分辨率水平上进行检测,在很大程度上丰富了基因组注释,如用于新转录物鉴定、非翻译区鉴定、5′及 3′边界鉴定、可变剪接研究等。Nagalakshmi 等人对酿酒酵母进行 RNA-Seq,发现 74.5%的非重复序列(单一序列)具有转录活性,鉴定出已知基因信息中 80%的 5′端非翻译区和 3′端非翻译区。Wilhelm 等人采用基因芯片与 RNA-Seq 技术相结合的方法在粟酒裂殖酵母中鉴定出很多 5′及 3′边界。Filichkin 等人在研究拟南芥的可变剪接时发现,至少有 42%含有内含子的基因会发生可变剪接,且大多数是剪接异构体,携带成熟前的终止密码子,在基因表达调控中可能发挥重要作用。

(2)转录物结构变异研究

RNA-Seq 技术的一个重要应用是发现基因序列之间的差异,从而对变异基因进行研究,如鉴定融合基因、检测 CDS 内单核苷酸多态性等。Chepelev 等人运用 RNA-Seq 技术对人类 Jurkat 细胞和 CD4+T 细胞的外显子进行重测序,分别检测到 4 703 个和 2 952 个全新的单核苷酸变异体,这些变异体可能与人类疾病的发生密切相关。

(3)基因表达水平研究

相对于基因芯片技术和其他转录组学方法,RNA-Seq 技术是定量的,其应用于基因表达水平研究更具优势。目前,研究人员已运用 RNA-Seq 技术在模式生物和非模式生物中进行了大量转录组方面的研究,并取得了一定的成果,涉及大豆(*Glycine max*)、蒺藜苜蓿(*Medicago truncatula*)、黄瓜(*Cucumis sativus*)、小麦(*Triticum aestivum*)、大蒜(*Allium sativum*)、香蕉(*Musa nana*)、甘薯(*Ipomoea batatas*)、番茄(*Lycopersicon esculentum*)、狼毒大戟(*Euphorbia fischeriana*)等植物。Zenoni 等人运用 RNA-Seq 技术对葡萄(*Vitis vinifera*)果实 3 个不同阶段的发育过程进行研究发现,有 17 324 个基因表达,其中的 6 695 个具有发育时期表达特异性,极有可能通过不同机制调控果实的发育和成熟过程,同时他们还检测到了单核苷酸多态性和可变剪接。Villar 等人运用 RNA-Seq 技术对桉树(*Eucalyptus*)特定基因型对于脱水胁迫的响应进行研究,共得到 129 993 条 Unigene,发现脱水使光合作用受到影响,且引发不同的细胞应激级联反应。

(4)非编码区域功能研究

有研究表明,至少93%的人类基因组可转录为 RNA,但这其中只有2%的序列可用于蛋白的编码,其余序列都转录为非蛋白编码的 RNA,即 ncRNA。运用 RNA-Seq 技术可以很好地发现和分析 ncRNA。ncRNA 包括很多种,目前研究得较多的是小 ncRNA,主要包括微 RNA(miRNA)和干扰小 RNA(siRNA),它们都参与调控基因转录后的表达。Sunkar 等人在研究植物应对逆境胁迫时发现,miRNA 在拟南芥和紫花苜蓿(*Medicago sativa*)中的表达量下调,而在水稻中则上调。

(5)低丰度全新转录物研究

RNA-Seq 技术还可用于发现大量低丰度的全新转录物,这些转录物运用基因芯片技术和转座子标签技术是无法检测出来的。RNA-Seq 技术不受背景噪声的干扰,可以避免交叉杂交带来的污染,使准确度大大提高。研究者们已运用 RNA-Seq 技术在拟南芥、水稻和小鼠等中发现了很多基因芯片技术未检出的低丰度的新转录物。

1.6 本书研究的目的和意义

砂藓是一种典型的耐旱苔藓植物,具有很强的抗旱、抗寒、耐高温能力。在干旱时,砂藓的叶片会卷缩进入"休眠"状态,一旦遇到水分则会迅速"复活",恢复生机,即使是保存几年的标本也不例外,说明其具有较强的耐旱能力,因此其体内必然存在一系列应答逆境胁迫的高效、主效功能基因。此外,砂藓发育模式简单,单倍体的配子体占生活史的主导地位,在基因水平上研究其耐旱性具有其他高等植物所没有的优势。

本书运用组织培养技术建立砂藓配子体的再生体系,以期为后续实验提供纯净、均一化的材料,旨在运用生理学及转录组学技术对脱水胁迫下砂藓的响应机制进行研究。本书将脱水胁迫过程中砂藓的生理指标变化与转录组变化相结合,鉴定出更多脱水耐性相关基因,对这些基因进行克隆并进行抗旱功能验证。本书研究的结果可为探索砂藓极端耐旱的分子遗传学机制奠定基础,同时为研究苔藓植物的耐逆机制提供重要信息。

2　砂藓组织培养研究

苔藓植物是进行植物组织培养最先选用的材料。有学者指出,如果关于某种苔藓植物的组织培养技术过关,则关于这种苔藓植物的分子遗传学研究就一定会有明显的进展。例如,日本学者较早建立了地钱细胞悬浮培养技术,用地钱的叶绿体和线粒体测得了基因组全序列;小立碗藓的液体培养技术被运用于低温胁迫、盐胁迫及激素诱导等抗性实验,并取得了一定的成果。苔藓植物组织培养还有很多用途(如运用于生态保护、环境指示、园艺观赏、抑菌抗菌、系统分类和基因转移等领域),越来越受到重视。因此,开展苔藓植物组织培养技术研究具有重要意义。

在自然界,苔藓植物以有性生殖(孢子体)和无性生殖(配子体)两种方式进行繁殖,而无性生殖为重要的繁殖方式,远比维管植物发达。在长期的生物进化历程中,砂藓在生物群落、茎叶及假根结构和生理上都产生了适应干旱环境的特征,久旱后复水能瞬间恢复活力,是典型的耐旱苔藓植物。用砂藓作为实验材料在基因水平上研究苔藓植物的耐旱分子机制尤为适合,可使其发展成为研究植物耐逆机制的一种新模型植物。野外采集的砂藓是否来源于同一母本不能确定,需要得到均一、优质的材料用于分子生物学方面的实验,而通过组织培养可以达到此目的。因此,本章以砂藓配子体为实验材料,研究消毒方法、培养基类型、蔗糖、光照和温度等因子对其生长的影响,以期完善苔藓植物的组织培养技术,便于大量地获得砂藓配子体材料,为苔藓植物生理生化研究和分子生物学研究提供充足、纯净的实验材料和理论基础,从而更好地开发苔藓植物资源。

2.1　实验材料

2.1.1　植物材料

砂藓于 2009 年 6 月末采于黑龙江省北部五大连池风景区的石龙岩面上。将采集后的材料用封口袋封好,带回实验室,放入温度为(20±1)℃、光照度为 3 000 lx、光照时间为 12 h 的光照培养箱中进行培养。凭证标本(20090627)存放于齐齐哈尔大学生命科学与农林学院标本馆。

2.1.2 主要试剂

本章所用的主要试剂有硝酸钙、硫酸锰、氯化钾、硝酸铵、硫酸铜、硝酸钾、氯化钙、硫酸镁、磷酸二氢钾、硼酸、氯化钴、硫酸亚铁、氯化铁、次氯酸钙、氯化汞、氢氧化钠、硫酸锌、盐酸、6-苄基腺嘌呤、2,4-二氯苯氧乙酸、激动素、萘乙酸、吲哚乙酸、肌醇、乙二胺四乙酸二钠、钼酸钠、碘化钾、盐酸硫胺素、盐酸吡哆醇、甘氨酸、烟酸、蔗糖、琼脂条、琼脂粉、无水乙醇等。

2.2 实验方法

2.2.1 激素母液的配制

6-苄基腺嘌呤(1 mg/L)、激动素(1 mg/L):分别称取 1 mg 6-苄基腺嘌呤、激动素,用 2 mL 1 mol/L 的氢氧化钠溶液预溶,再加 8 mL 蒸馏水定容,于 4 ℃ 冰箱中保存备用。

2,4-二氯苯氧乙酸(1 mg/L):称取 1 mg 2,4-二氯苯氧乙酸,用 2 mL 95% 的乙醇预溶,再加 8 mL 蒸馏水定容,于 4 ℃ 冰箱中保存备用。

2.2.2 培养基的配制

本章实验所用的培养基主要有 MS 培养基、改良 Knop 培养基、改良 Beneck 培养基。各培养基的配方见表 2-1、表 2-2。

表 2-1   MS 培养基的配方

母液	成分	称取量/$(mg \cdot L^{-1})$
大量元素		100×
	硝酸钾	1 900

续表

母液	成分	称取量/($mg \cdot L^{-1}$)
	硝酸铵	16 500
	硫酸镁	3 700
	磷酸二氢钾	1 700
	氯化钙	440
微量元素		100×
	硫酸锰	2 230
	硫酸锌	860
	硼酸	620
	碘化钾	83
	钼酸钠	25
	硫酸铜	2.5
	氯化钴	2.5
铁盐		10×
	乙二胺四乙酸二钠	3 725
	硫酸亚铁	2 785
有机物质		10×
	甘氨酸	100
	盐酸硫胺素	20
	盐酸吡哆醇	25
	烟酸	25
	肌醇	5 000

表 2-2　改良 Knop 培养基和改良 Beneck 培养基的配方

成分	称取量/(mg · L^{-1})	
	改良 Knop 培养基	改良 Beneck 培养基
硝酸钙	1 000	—
硝酸铵	—	200
氯化钙	—	100
磷酸二氢钾	250	100
硫酸镁	250	100
氯化钾	250	—
硫酸亚铁	12.5	—
氯化铁	—	微量
琼脂	9 000	9 000

注:用蒸馏水定容至 1 L。

2.2.3　砂藓配子体预处理

选取长势较好的砂藓配子体,放到空培养瓶中,用纱布盖好,于自来水龙头下冲洗几小时,再用洗洁精溶液浸泡几分钟(同时设置对照:不用洗洁精溶液浸泡),在流水下冲洗 30 min 左右,并用无菌水冲洗数次,转入超净工作台,进行后续消毒实验。

2.2.4　砂藓配子体消毒与接种

在超净工作台上用无菌滤纸吸干砂藓表面的水分,将砂藓自顶端往下依次剪成小段,按表 2-3 用 70% 的乙醇以及不同浓度的氯化汞、次氯酸钙消毒不同时间。将消毒后的材料于无菌水中反复冲洗 7~8 次,每次停留 1 min 以上,尽可能洗掉残留的消毒液,减少对配子体的伤害。将消毒后的配子体接种于常规

MS 培养基上,置于光照时间为 12 h、光照度为 3 000 lx、温度为(20±2)℃的光照培养箱中进行培养。每个处理接种 10 瓶,每瓶接种 10 个配子体。接种后第 2 天开始连续 10 d 记录污染数和死亡数,并统计污染率和成活率,比较不同种类、不同浓度消毒液的消毒效果。将未染菌的配子体继代到新鲜培养基上培养,每个处理须继代培养数次。

表 2-3 不同消毒液的浓度与消毒时间

消毒液	浓度/%	消毒时间/s
乙醇	70	10、20、30、40
氯化汞	0.01	15、30、45、60
	0.02	15、30、45、60
	0.05	15、30、45、60
	0.10	15、30、45、60
次氯酸钙	0.10	30、60、90、120
	0.50	30、60、90、120
	1	30、60、90、120
	2	30、60、90、120

配子体的污染率、成活率和死亡率计算公式为:

污染率=污染配子体数/接种配子体数×100%

成活率=返绿配子体数/接种配子体数×100%

死亡率=死亡配子体数/接种配子体数×100%

用 SPSS 20.0 软件进行单因素方差分析,得出最佳消毒方案。

2.2.5 砂藓配子体接种培养基筛选

在筛选出最佳消毒方案的基础上选择适合砂藓配子体生长的培养基,所用的培养基如下：

①常规 MS 培养基中分别添加 0 g/L、10 g/L、20 g/L、30 g/L、40 g/L 的蔗糖；

②改良 Beneck 培养基中分别添加 0 g/L、10 g/L、20 g/L、30 g/L、40 g/L 的蔗糖；

③改良 Knop 培养基中分别添加 0 g/L、10 g/L、20 g/L、30 g/L、40 g/L 的蔗糖。

将预处理的砂藓配子体用已筛选出的最适消毒方法消毒后，分别接种到上述几种培养基上，于温度为（20±2）℃、光照时间为 12 h、光照度为 3 000～5 000 lx 的光照培养箱中进行培养。接种后第 2 天开始连续 10 d 记录其生长情况。

2.2.6　蔗糖浓度筛选

将筛选得到的无菌配子体分别继代到常规 MS+0～40 g/L 蔗糖培养基上培养，观察不同浓度的蔗糖对砂藓配子体生长状况的影响。

2.2.7　原丝体扩繁培养基和生长条件筛选

尽管原丝体是在常规 MS 培养基上得到的，但为了筛选更合适的培养基使其更好地生长，实验中同时应用了无机盐培养基和有机培养基，以便观察原丝体的生长状况，所用的培养基如下：

①常规 MS 培养基中添加 30 g/L 的蔗糖（MS1 培养基）；

②改良 Beneck 培养基中分别添加 0 g/L、10 g/L、20 g/L、30 g/L、40 g/L 的蔗糖；

③改良 Knop 培养基中分别添加 0 g/L、10 g/L、20 g/L、30 g/L、40 g/L 的蔗糖。

筛选出适合原丝体生长的培养基后，将生长所得的原丝体团平均分成 3 份，继代到含不同浓度激素的培养基上，观察不同浓度的激素对原丝体生长的影响，找出最佳的原丝体扩繁培养基，所用的培养基如下：

①MS1 培养基；

②MS1 培养基中分别添加 0.1 mg/L、0.5 mg/L、1.0 mg/L、1.5 mg/L 的 6-苄基腺嘌呤、萘乙酸和 2,4-二氯苯氧乙酸。

将接种后的原丝体放入光照时间为 12 h、光照度为 3 000 lx、温度为 (20±2)℃ 的光照培养箱中进行培养。得到大量原丝体后，将其置于不同的光照度(3 000 lx、6 000 lx)下培养不同的时间(光照时间为 10 h、12 h、14 h)，每隔几天测量原丝体团的直径和长度，每组实验重复 3 次，以期得到适合原丝体生长的最佳条件。

2.2.8　诱导配子体产生的培养基筛选

选取生长状况良好、大小基本一致的原丝体团，分别转入不同组分的培养基上，以期获得诱导原丝体分化出配子体的培养基，所用的培养基如下：

①改良 Beneck 培养基中分别添加 0 g/L、10 g/L、20 g/L、30 g/L 的蔗糖；

②改良 Beneck 培养基中分别添加 0.1 mg/L、0.5 mg/L、1.0 mg/L、1.5 mg/L 的 6-苄基腺嘌呤；

③常规 MS 培养基中分别添加 0 g/L、30 g/L 的蔗糖；

④常规 MS 培养基中添加 1.5 mg/L 的 6-苄基腺嘌呤。

将接种后的原丝体放入光照时间为 12 h、光照度为 3 000 lx、温度为 (20±2)℃ 的光照培养箱中进行培养，每组实验重复 3 次。

2.3　结果与分析

2.3.1　不同消毒液和接种培养基对砂藓配子体的影响

苔藓植物的叶除了中肋由多层细胞组成外，其余部分大多由单层细胞组成。高浓度的消毒液容易杀死配子体，浓度低又不利于彻底消毒。对苔藓植物来说，消毒液种类、浓度和消毒时间的选择非常重要。实验结果显示，随着培养时间的延长，70% 的乙醇处理的配子体无论接种到何种培养基上都无返绿现象,说明 70%的乙醇对砂藓杀伤力很大,不适合作为砂藓配子体的消毒液,后续结果分析都不考虑此消毒液的影响。

十二烷基苯磺酸钠是洗洁精的主要成分,是一种表面活性剂,能够使蛋白质变性,起到一定的杀菌作用。研究结果表明:未用洗洁精溶液浸泡的配子体在接种到上述所有培养基上后第 2 天就有部分染菌,约 3 d 后基本全部染菌;用洗洁精溶液浸泡过的配子体在接种 3 d 后开始部分染菌。这说明洗洁精对细菌起到了一定的抑制作用。

不同消毒液浓度和消毒时间对接种到 MS 培养基上的配子体的影响是不同的。次氯酸钙所含氯气很容易挥发,对材料的毒害作用较小,目前已成为苔藓植物组织培养常用的消毒液。然而,本章实验的结果表明,用次氯酸钙消毒后的配子体培养到第 10 天时,尽管死亡率很低,但污染率极高,基本都在 60%以上,见表 2-4。这说明次氯酸钙不适合作为砂藓配子体的消毒液,故未做差异显著性分析。氯化汞的整体消毒效果较好,见表 2-5。在第 10 天时,当用 0.02%的氯化汞处理 45~60 s 时,砂藓配子体的成活率最高,且差异不显著,污染率显著降低。随着氯化汞浓度的升高和处理时间的延长,砂藓配子体的污染率和成活率显著降低,而死亡率显著升高,甚至全部死亡。因此,我们得出适合砂藓配子体的最佳灭菌方法为:将配子体用 2%的洗洁精溶液预先浸泡 10 min,然后用 0.02%的氯化汞处理 45~60 s。

表 2-4　次氯酸钙对砂藓配子体的消毒效果(培养 10 d)

次氯酸钙浓度/%	消毒时间/s	污染率/%	成活率/%	死亡率/%
0.1	30	100.00±0.00	0.00±0.00	0.00±0.00
	60	100.00±0.00	0.00±0.00	0.00±0.00
	90	96.67±1.15	3.33±1.15	0.00±0.00
	120	93.33±1.15	6.67±1.15	0.00±0.00
0.5	30	94.00±2.00	6.00±2.00	0.00±0.00
	60	92.67±1.15	7.33±1.15	0.00±0.00

续表

次氯酸钙浓度/%	消毒时间/s	污染率/%	成活率/%	死亡率/%
	90	88.67±1.15	11.33±1.15	0.00±0.00
	120	83.33±3.06	16.67±3.06	0.00±0.00
1.0	30	84.67±1.15	15.33±1.15	0.00±0.00
	60	78.00±2.00	20.00±2.00	2.00±0.00
	90	74.00±2.00	22.67±3.06	3.33±1.15
	120	70.00±2.00	25.33±1.15	4.67±1.15
2.0	30	75.33±2.31	20.67±1.15	3.33±1.15
	60	68.00±2.00	27.33±1.15	4.67±1.15
	90	60.00±2.00	31.33±1.15	8.67±1.15
	120	59.33±2.31	30.67±1.15	10.00±2.00

注:表中污染率、成活率、死亡率数据为平均数±标准差。

表 2-5 氯化汞对砂藓配子体的消毒效果(培养 10 d)

氯化汞浓度/%	消毒时间/s	污染率/%	成活率/%	死亡率/%
0.01	15	88.00±2.00[a]	12.00±2.00[h]	0.00±0.00[i]
	30	74.67±3.06[b]	25.33±3.06[g]	0.00±0.00[i]
	45	54.00±2.00[c]	46.00±2.00[e]	0.00±0.00[i]
	60	44.00±3.46[d]	56.00±3.46[d]	0.00±0.00[i]
0.02	15	43.33±1.15[d]	56.67±1.15[cd]	0.00±0.00[i]
	30	23.33±1.15[e]	66.67±1.15[b]	10.00±0.00[h]
	45	12.00±4.00[f]	76.00±6.00[a]	12.00±0.00[h]
	60	6.00±0.00[g]	76.00±0.00[a]	18.00±0.00[g]

续表

氯化汞浓度/%	消毒时间/s	污染率/%	成活率/%	死亡率/%
0.05	15	12.67±3.06[f]	66.00±2.00[b]	21.33±2.31[f]
	30	12.00±2.00[f]	60.67±1.15[c]	27.33±2.31[e]
	45	2.67±1.15[gh]	49.33±2.31[e]	48.00±2.00[d]
	60	2.00±0.00[h]	32.67±3.06[f]	65.33±3.06[c]
0.10	15	1.33±1.15[h]	14.67±4.16[h]	84.00±4.00[b]
	30	1.33±1.15[h]	1.33±1.15[i]	98.00±2.00[a]
	45	0.00±0.00[h]	0.00±0.00[i]	100.00±0.00[a]
	60	0.00±0.00[h]	0.00±0.00[i]	100.00±0.00[a]

注：表中污染率、成活率、死亡率数据为平均数±标准差；同列数据后小写字母不同表示差异显著（$P<0.05$）。

在以往的实验中,消毒完的配子体一般接种于某单一培养基上用于筛选最佳消毒方法,但无机盐培养基和有机培养基是否可作为接种砂藓消毒配子体的培养基是未知的,对此我们进行了尝试性的实验。实验结果表明,在培养到第6天时,用次氯酸钙和氯化汞处理后接种到改良Beneck培养基与改良Knop培养基上的外植体污染率很高,基本上为100%,在此基础上提高消毒液浓度和延长消毒时间也得到同样的结果,而当消毒时间太长、消毒液浓度太高时,砂藓配子体则基本死亡,故认为以改良Beneck培养基和改良Knop培养基为基础的无机盐培养基不适合作为砂藓消毒配子体的接种培养基。接种到有机MS培养基上的配子体污染率较低,培养10 d后,未染菌的配子体基本不会再染菌,故确定常规MS培养基为砂藓配子体消毒后接种所用的最佳培养基。

2.3.2　蔗糖对砂藓配子体的影响

蔗糖是苔藓植物组织培养中最重要的碳源。实验结果表明,蔗糖对砂藓配子体的生长产生了重要的影响。无菌配子体在 MS+0~30 g/L 蔗糖培养基上培养约 20 d 时大部分开始返绿,而当蔗糖浓度为 40 g/L 时配子体不会返绿,已褐化死亡。在 MS1 培养基上培养砂藓配子体时,随着培养时间的延长(约 40 d),可观察到配子体的两种生长情况:在切口处产生鲜绿的原丝体,且成团生长,如图 2-1(a)所示;在叶腋处分化出新的嫩绿配子体,成簇生长,如图 2-1(b)所示。蔗糖浓度对砂藓生长状况的影响见表 2-6:不添加蔗糖时,分化出的原丝体和配子体比较弱,生长状况最差;当蔗糖浓度为 30 g/L 时,原丝体团直径和原丝体长度最大,分化出的配子体最多;其余浓度的蔗糖对原丝体和配子体生长状况的影响差异不大。

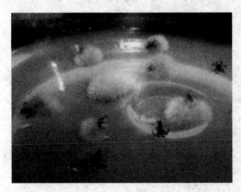

(a)原丝体　　　　　　　　　　　　　(b)配子体

图 2-1　MS1 培养基上砂藓的生长状况

表 2-6　蔗糖浓度对砂藓生长状况的影响

蔗糖浓度/(g·L^{-1})	原丝体团直径/cm	原丝体长度/cm	配子体数/个
0	0.48±0.02[c]	0.43±0.03[c]	1.67±0.58[c]
10	0.68±0.02[b]	0.66±0.02[b]	5.67±0.58[b]
20	0.71±0.06[b]	0.68±0.01[b]	6.00±0.00[b]
30	1.05±0.03[a]	0.86±0.02[a]	10.67±1.15[a]

注:表中原丝体团直径、原丝体长度、配子体数数据为平均数±标准差;同列数据后小写字母不同表示差异显著($P<0.05$)。

我们在实验过程中还发现,部分无菌配子体周围会产生一种粉红色的物质,通过显微镜观察发现其是一种细菌,如图 2-2 所示。研究人员曾从苔藓植物原丝体中分离出这种物质,并认为它是一种甲烷氧化菌。Hornschuh 等人在研究葫芦藓原丝体发育过程时也发现此菌,且这种细菌在少量分泌时会促进原丝体上分化出芽体。高永超等人在进行牛角藓愈伤组织培养时分离出一种粉色细菌,初步认定其为一种杆状菌。周甜甜在对毛尖紫萼藓进行组织培养时也分离出这种粉色细菌,但未鉴定。本节实验所观察到的粉色细菌与他们发现的究竟是不是同一种菌,有待进一步鉴定。

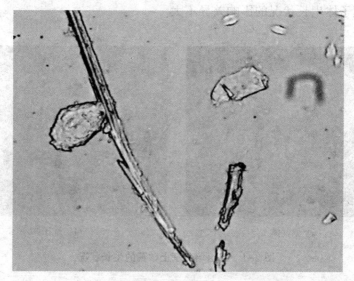

图 2-2　配子体周围粉色细菌的显微图片

2.3.3　不同培养基和生长条件对原丝体扩繁的影响

培养基类型对原丝体的生长有极大的影响。实验结果显示,经过一段时间的培养,原丝体在 MS1 培养基上生长较旺盛[见图 2-3(a)],在改良 Beneck 培养基上的生长状况较在 MS1 培养基上差些[见图 2-3(b)],在改良 Knop 培养基上从四周开始发黄、褐变直至死亡[见图 2-3(c)],这可能是因为无机盐培养基对原丝体的生长有一定影响。因此,选择 MS1 培养基用于原丝体生长。

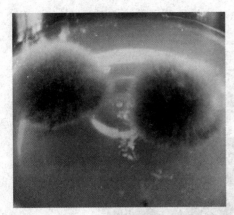 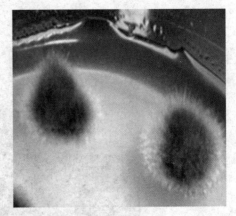

(a) MS1 培养基　　　　　　　　　　　(b) 改良 Beneck 培养基

(c) 改良 Knop 培养基

图 2-3　原丝体在不同培养基上的生长状况

　　激素在植物的生长过程中发挥一定的作用,不同激素对原丝体生长状况的影响差别很大。MS1 培养基上的原丝体生长旺盛,颜色鲜绿,但不会产生芽体。经过 15~30 d 的培养,原丝体在含有 0.1~1.5 mg/L 萘乙酸的 MS1 培养基上生长缓慢,而且随着培养时间的延长从顶端开始变黄,直至慢慢死亡,这说明萘乙酸抑制了砂藓原丝体的生长。经过 50~60 d 的培养,含有 0.1~1.5 mg/L 6-苄基腺嘌呤的 MS1 培养基上的原丝体长势较好,而且能产生许多小的芽体,尤其是当 6-苄基腺嘌呤浓度为 1.5 mg/L 时芽体数量最多,如图 2-4 所示。我们通过比较发现,生长于含有 1.0 mg/L 2,4-二氯苯氧乙酸的 MS1 培养基上的原丝体长势最好,且与其他培养基的差异极显著,对比结果见表 2-7。因此,选择

MS1+1.0 mg/L 2,4-二氯苯氧乙酸作为原丝体扩繁所用的培养基。

图 2-4　含有 1.5 mg/L 6-苄基腺嘌呤的 MS1 培养基上原丝体产生的芽体

表 2-7　不同培养基、培养时间的砂藓原丝体团直径(单位:cm)

含有不同浓度激素的培养基	培养时间		
	20 d	40 d	50 d
MS1	0.92±0.020^{ab}	1.87±0.023^{cd}	2.25±0.020^{c}
MS1+2,4-D(0.1)	0.91±0.017^{ab}	1.89±0.030^{cd}	2.36±0.021^{b}
MS1+2,4-D(0.5)	0.92±0.015^{ab}	1.95±0.025^{c}	2.40±0.020^{b}
MS1+2,4-D(1.0)	0.94±0.029^{a}	2.27±0.040^{a}	2.97±0.050^{a}
MS1+2,4-D(1.5)	0.90±0.015^{b}	2.06±0.050^{b}	2.41±0.036^{b}
MS1+6-BA(0.1)	0.77±0.025^{d}	1.64±0.032^{e}	1.95±0.047^{e}
MS1+6-BA(0.5)	0.80±0.017^{d}	1.73±0.046^{e}	2.04±0.072^{d}
MS1+6-BA(1.0)	0.84±0.023^{c}	1.77±0.029^{e}	2.17±0.069^{c}
MS1+6-BA(1.5)	0.86±0.025^{c}	1.86±0.021^{d}	2.26±0.046^{c}

注:6-BA 为 6-苄基腺嘌呤;2,4-D 为 2,4-二氯苯氧乙酸;括号中数值为浓度,单位为 mg/L;原丝体团直径数据为平均数±标准差;同列数据后小写字母不同表示差异显著($P<0.05$)。

　　在原丝体的生长发育过程中,温度发挥重要作用。有研究表明:当温度为(26±2)℃时,在最初培养的前10天原丝体开始从四周变黄,不能正常生长;当温度为(23±2)℃时,原丝体生长缓慢,部分开始变黄;随着温度的降低,原丝体长势较好,但当温度低至(17±2)℃时,原丝体生长更加缓慢。因此,我们认为(20±2)℃是原丝体的最适生长温度。光照度和光照时间对原丝体的生长影响很小。

2.3.4　诱导原丝体产生配子体的培养基筛选

　　原丝体在改良Beneck培养基上经过30 d左右能分化出芽体,如图2-5(a)所示。芽体继续生长40 d左右能长成较好的配子体。配子体在部分叶腋处会继续分化出新的配子体,最终成簇生长,较粗壮,如图2-5(b)(c)所示。在Beneck培养基上添加不同浓度的蔗糖后发现,原丝体只进行营养繁殖,这可能是因为在无机盐培养基中蔗糖对芽体的生长有抑制作用。在添加30 g/L蔗糖的MS培养基和不添加蔗糖的常规MS培养基中,原丝体一直保持营养繁殖,经过约6个月的生长,部分能分化出小的芽体,将芽体继代培养,30 d左右能长成配子体,整个生长周期较长。在添加激素的MS1培养基和Beneck培养基中,大约60 d后6-苄基腺嘌呤能诱导原丝体分化出小的芽体(6-苄基腺嘌呤浓度为1.5 mg/L时产生的芽体最多),将芽体继代培养,30 d左右能长成配子体,如图2-5(d)所示,但与不添加激素的Beneck培养基上生长的配子体相比较细弱。

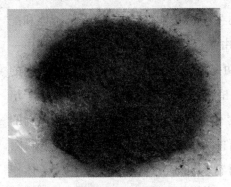　

(a)改良Beneck培养基上原丝体产生的芽体　　　　(b)改良Beneck培养基上产生的配子体(一)

(c)改良 Beneck 培养基上产生的配子体(二)　　(d)含有 1.5 mg/L 6-苄基腺嘌呤的
　　　　　　　　　　　　　　　　　　　　　　MS1 培养基上产生的配子体

图 2-5　不同培养基上的芽体和配子体

综合上述结果可知,不添加任何激素和蔗糖的改良 Beneck 培养基在短时间内就能诱导原丝体产生较长、较粗壮的配子体,故选择简单的改良 Beneck 培养基作为诱导原丝体产生配子体的最佳培养基。

2.4　讨论

2.4.1　关于外植体消毒方法的筛选

植物组织培养最关键的一步就是材料的消毒,苔藓植物也是如此。苔藓植物的生活史具有以配子体为主、孢子体附生的世代交替现象,所以孢子体和配子体都可作为实验材料用于组织培养。由于苔藓植物个体微小,茎、叶仅由一层或几层细胞组成,对其消毒很困难,成功率很低,而孢子外面有一层孢子壁的保护,消毒较容易,成功率很高,因此苔藓植物组织培养的材料大多是由孢子培养获得的。Duckett 等人认为,在没有获得孢子体的情况下,可以将苔藓植物的配子体消毒后得到无菌材料。在野外条件下,我们并未采集到砂藓的孢子体,因此选用配子体进行消毒,以获得无菌材料。目前,已有研究人员用配子体作为实验材料进行组织培养,并成功获得了原丝体,其所用的消毒液不尽相同。

Vujičić 等人对苔藓植物的孢子体和配子体进行消毒时发现,不同浓度的次氯酸钙对配子体和孢子体的成活率影响不同,当次氯酸钙浓度为 9% 时配子体成活率高,当次氯酸钙浓度为 12% 时孢子体成活率高。Rowntree 研究几种苔藓植物的新消毒方法时发现,用 0.5% 的二氯异氰尿酸钠(NaDCC)对苔藓植物的配子体消毒有较好的效果。Chen 等人用 0.1% 的氯化汞对暖地大叶藓(*Rhodobryum giganteum*)的茎尖消毒 8 min 时其成活率最高,他们通过组织培养最终获得了无菌的原丝体。Ahmed 等人用 1% 的次氯酸钠对牛角藓的茎尖和叶片进行消毒获得无菌原丝体,最终成功得到无菌的配子体。苔藓植物茎段上有毛状假根,易使消毒不彻底,所以消毒前加入几滴表面活性剂可得到较好的效果。Duckett 等人在对孢子体消毒时以洗洁精作为表面活性剂,起到了很好的作用。在本章实验中,最佳消毒方法为:将配子体用 2% 的洗洁精溶液预先浸泡 10 min,然后用 0.02% 的氯化汞消毒 45~60 s。Duckett 等人认为,苔藓植物发育过程中的所有形式(如孢子体、芽孢和配子体)都离不开原丝体,原丝体是它们繁衍开始的根基。在本章实验中,在砂藓配子体伤口处确实产生了大量原丝体,并最终能分化出新配子体,但在其叶腋处不经过原丝体阶段也得到了配子体,并最终成簇生长,这与 Chen 等人所得的结论一致。

2.4.2　关于培养基的筛选

有研究者认为,在进行苔藓植物的组织培养时,应至少尝试 3 种大量元素培养基以便挑选最佳培养基。本章实验选择常规 MS 培养基、改良 Knop 培养基、改良 Beneck 培养基作为基础培养基,在进行不同实验时添加不同浓度的激素和蔗糖。从 3 种基本培养基的成分来看,MS 培养基含有一定量的有机物,改良 Knop 培养基和 Beneck 培养基为无机盐培养基,且改良 Beneck 培养基所含的大量元素较 MS 培养基和改良 Knop 培养基都少。经过一系列的实验发现,消毒后的配子体接种到含不同浓度蔗糖的无机盐培养基上时几乎所有材料都染菌,而在有机培养基(MS 培养基)上污染率较低,这可能是因为 MS 培养基中的有机物质抑制了细菌的生长。目前未见关于这种现象的报道,这种现象可能与砂藓的自身特性有关。我们在筛选原丝体扩繁培养基时发现,含有一定浓度激素的有机培养基(MS 培养基)能使原丝体更快、更好地生长,而无机盐培养基

(Beneck 培养基)则更适于诱导原丝体产生芽体并发展成配子体。Duckett 等人认为,苔藓植物在各种各样的无机盐培养基中都能很好地生长,培养液的浓度降低后会对原丝体和芽孢产生一定的影响,抑制其生长,但对配子体的生长无任何影响。Nishiyama 等人发现,无机盐培养基上的原丝体虽然生长较慢,但是植株体同时会生长。在本章实验中,接种于 Knop 培养基上的原丝体长势不好,会褐化死亡,其原因可能是 Knop 培养基不含微量元素铁。Nitsch 在进行烟草(*Nicotiana tabacum*)组织培养时发现,在铁浓度低于 1.2 mg/L 的培养基上,胚状体发育成球形胚就停止发育。Sunderland 和 Wicks 在进行烟草实验时把铁浓度提高为原培养基配方的 10 倍后,发现出苗率大大提高。黄莺等人在对烟草花药培养时发现,微量元素可以提高出苗率,起主要作用的是铁与锌,而硼、锰、钼和铜等微量元素的作用有无及强弱需要进一步研究。这说明铁是植物体形成和发育必需的元素。由本章实验结果可以看出,含有微量元素铁的常规 MS 培养基、改良 Beneck 培养基上的原丝体发育正常。关于微量元素是否真的影响苔藓植物原丝体的生长发育,有待深入研究。大多数苔藓植物对生长环境的要求不高,基质中含一定的元素即可。生长于改良 Beneck 培养基上的原丝体最终会分化出大量粗壮的配子体,说明砂藓生长所需的营养物质较简单,这与其在野外的生长环境一致。

2.4.3 糖类对苔藓植物生长的影响

糖能为苔藓植物的生长提供碳源,且对不同苔藓植物的影响是不同的。Sabovljević 等人提出,果糖对波叶仙鹤藓原丝体的生长起到抑制作用,但却促进真藓原丝体的生长,并最终产生配子枝。Kowalczyk 等人发现,糖与氮源的关系影响大壶藓(*Splachnum ampullaceum*)的生长。Ahmed 等人认为,在苔藓植物组织培养中最重要的碳源是蔗糖,高浓度的蔗糖对配子体的生长有负作用。在本章实验中:高浓度的蔗糖会使砂藓无菌的配子体褐化;30 g/L 的蔗糖促进配子体分化出新原丝体和配子体的效果明显;添加蔗糖的改良 Beneck 培养基上只有原丝体的生长,并无配子体的分化;未添加蔗糖的培养基上能分化出大量配子体。Smeekens 指出,在植物的整个生活史中,许多物质会参与到信号转导途径中,而糖类就是其中一种,其感知的信号对基因的表达起到调控作用。因而,本章推测在砂藓配子体的发育过程中,糖类发挥信号转导功能,极可能调控促进配子体生长的基因的表达。

2.4.4 关于最适培养条件的筛选

Duckett 等人认为,对苔藓植物进行人工培养时,若要使其获得最大生长率,就必须使用长时间的强光照对其进行刺激。本章实验中设置了2个光照强度和3个光照时间来检测其对原丝体生长的影响。实验结果表明,光照强度和光照时间对砂藓原丝体的生长没有影响,说明砂藓耐强光照,这与 Chen 等人、Ahmed 等人所得的结论一致。

2.4.5 激素对苔藓植物生长的影响

植物激素在植物生长过程中扮演着很重要的角色。生长素(如萘乙酸、2,4-二氯苯氧乙酸、吲哚乙酸)对植物生长的促进作用主要体现在促进细胞的生长,特别是细胞的伸长。细胞分裂素(如激动素、6-苄基腺嘌呤)能促进细胞分裂与扩大。有研究者指出,在苔藓植物中,细胞分裂素可诱导原丝体上芽体的形成,促进原丝体生长。有研究者发现,单一的生长素就能诱导无菌配子体产生原丝体和愈伤组织,并促进它们的生长。也有研究者将生长素与细胞分裂素按一定的比例混合使用促使产生各种中间体。Cvetić 等人发现:疣小金发藓的芽体是由生长素吲哚乙酸诱导原丝体产生的,而细胞分裂素6-苄基腺嘌呤却并未产生好的效果,它抑制了配子体的生长;经过2种激素的长时间处理后,原丝体开始褐化并死亡。张伟等人对红蒴立碗藓(*Physomitrium eurystomum*)进行研究发现,单一的6-苄基腺嘌呤能成功诱导出愈伤组织。Ahmed 等人研究激素对牛角藓原丝体分化的影响时发现,单一的吲哚乙酸和激动素都能诱导原丝体形成芽孢、愈伤组织、配子体。对砂藓而言,1.0 mg/L 的2,4-二氯苯氧乙酸能促使原丝体很好地生长;1.5 mg/L 的6-苄基腺嘌呤能使原丝体分化出许多芽体,并生长成为配子体,但与不添加激素的 Beneck 培养基上生长的配子体相比较细弱。本章实验中未诱导出愈伤组织,这说明激素对不同苔藓植物起到的作用是不同的。

2.5 本章小结

本章以砂藓配子体为实验材料,探讨了不同培养基、培养条件、激素等对其再生及发育的影响,成功获得了配子体的再生体系,所得主要结论如下:

①砂藓配子体的最佳消毒方法为:将其在流水下冲洗 2~3 h,再用浓度为 0.02%的氯化汞消毒 45~60 s,然后用无菌水冲洗 7~8 遍。

②通过筛选砂藓配子体接种培养基发现:在相同的消毒条件下,改良 Knop 培养基、改良 Beneck 培养基上配子体的污染率极高;常规 MS 培养基上配子体的污染率相对较低,在添加 30 g/L 的蔗糖、培养约 20 d 时,大部分未染菌配子体开始返绿,而且在切口处伴随有原丝体和新的嫩绿配子体的生长。

③培养基的类型对砂藓原丝体初期生长有显著的影响。改良 Knop 培养基上的原丝体变黄,因此不适合其生长;改良 Beneck 培养基上的原丝体生长良好;MS1 培养基上的原丝体生长旺盛,好于改良 Beneck 培养基。因此,MS1 培养基更适于原丝体的初期生长。

④培养基中激素的种类及浓度对砂藓原丝体的扩繁生长有一定的影响。萘乙酸抑制原丝体的生长,会导致其死亡;6-苄基腺嘌呤的浓度为 1.5 mg/L 时原丝体分化出芽体;2,4-二氯苯氧乙酸促使原丝体进行营养繁殖,不分化芽体,当其浓度为 1.0 mg/L 时原丝体团直径最大,扩繁情况最好。

⑤不添加任何激素和蔗糖的改良 Beneck 培养基在短时间内就能诱导出较长、较粗壮的配子体,因此将简单的改良 Beneck 培养基作为诱导砂藓原丝体产生配子体的最佳培养基。

3　砂藓对脱水胁迫的生理响应研究

水分是植物体内各种生理生化反应的介质,也是植物吸收和运输养分的溶剂。脱水胁迫对植物的影响很大,因此研究脱水胁迫对植物造成的影响,了解植物在脱水胁迫下的适应性反应,以及植物产生适应、损伤、修复、补偿的条件、强度等有重要意义。

苔藓植物缺乏维管束,没有真正的根系和有效的内部传导系统,因而直接控水能力十分有限,在脱水条件下极易失水,但许多属种具有很强的耐旱能力,因此研究苔藓植物在脱水胁迫下各项生理指标的变化,对研究其强大的耐旱机制有重要作用。本章以砂藓组培苗为材料,研究丙二醛含量、膜透性、渗透调节物质含量、保护酶活力和叶绿素荧光动力学参数的变化,以期阐述其在脱水胁迫下的生理变化规律,为进一步研究其耐旱机制奠定基础。

3.1 实验材料

3.1.1 植物材料

实验所用材料为通过组织培养获得的来自同一母本的均一、优质的砂藓无菌配子体。

于超净工作台上将生长旺盛的砂藓配子体无菌苗从组培瓶中取出,分成两份:一份作为正常生长材料(0 min 处理);另一份放到滤纸上,然后放入装有活化硅胶的玻璃干燥器内进行快速干燥,干燥时间为 10 min、20 min、30 min、40 min、50 min 和 60 min。

3.1.2 主要试剂

活化硅胶、考马斯亮蓝 G-250、脯氨酸、冰乙酸、无水乙醇、三氯乙酸、氢氧化钠、愈创木酚(邻甲氧基苯酚)、磷酸二氢钾、磷酸二氢钠、磷酸氢二钠、酸性茚三酮、磷酸、甲苯、磺基水杨酸、30%过氧化氢、硫代巴比妥酸、石英砂。

3.1.3　主要仪器

Li-6400 XT 便携式光合作用测定仪、6400-01 CO$_2$ 注入系统、6400-18 RGB 三基色光源、电子天平、TU-1901 双光束紫外-可见分光光度计、高速冷冻离心机、磁力搅拌器、超纯水机、超声波清洗机、超低温冰箱、比色皿(4×1)、微量移液器、GXZ 智能光照培养箱、电热恒温鼓风干燥箱。

3.2　实验方法

3.2.1　相对含水量测定

称取一定量的各处理时间点的砂藓,用 MA100 水分测定仪测定其相对含水量,失水速率参数设定为每秒 0.5%。每个处理重复 3 次。

3.2.2　丙二醛含量测定

采用硫代巴比妥酸法(TBA)测定丙二醛含量。称取一定量的各处理时间点的砂藓,加入 2 mL 10% 的三氯乙酸和少量石英砂,在冰上研磨至匀浆,再加入 8 mL 10% 的三氯乙酸进一步研磨至匀浆,以 12 000 r/min 的转速离心 10 min,所得上清液为样品提取液;吸取 2 mL 上清液(对照用 2 mL 蒸馏水代替),加入 2 mL 0.6% 的硫代巴比妥酸溶液混匀,沸水浴加热 15 min,迅速冷却后离心;取上清液,测定 450 nm、532 nm、600 nm 波长下的光密度(OD)值。每个处理重复 3 次。根据双组分光光度计法计算丙二醛浓度,计算公式为:

$$c = 6.45(OD_{532} - OD_{600}) - 0.56OD_{450} \qquad (3-1)$$

式中:c——丙二醛浓度,μmol/L;

　　　OD_{450}——450 nm 波长下的 OD 值;

OD_{532}——532 nm 波长下的 OD 值；

OD_{600}——600 nm 波长下的 OD 值。

根据丙二醛浓度计算丙二醛含量,计算公式为:

$$m_1 = \frac{c \times V_t}{1\,000 \times V_s \times m} \tag{3-2}$$

式中:m_1——丙二醛含量,$\mu mol/g$;

V_t——提取液总体积,mL;

V_s——测定时的加样量,mL;

m——样品鲜重,g。

3.2.3 电解质外渗率测定

称取一定量的各处理时间点的砂藓,剪碎放入烧杯中,加入 10 mL 去离子水,用 SHZ-D 循环水式真空泵抽气 20~30 min,然后缓慢放入空气;在室温下静置 30 min,其间摇动烧杯,然后称重,用 DDS-ⅡA 型电导仪测定溶液的电导率 E_1;沸水浴加热 30 min,冷却至室温后测定溶液总电导率 E_2,同时测定对照的电导率 E_0。每个处理重复 3 次。电解质外渗率的计算公式为:

$$E = [(E_1 - E_0)/(E_2 - E_0)] \times 100\% \tag{3-3}$$

3.2.4 脯氨酸含量测定

(1)脯氨酸含量标准曲线的制作

配制每升含有 1 mg、2 mg、3 mg、4 mg、5 mg、6 mg、7 mg、8 mg、9 mg、10 mg 脯氨酸的标准脯氨酸溶液 3 份,吸取 2 mL 脯氨酸溶液加入试管中;加入水与冰乙酸各 2 mL,并加入 4 mL 2.5%的酸性茚三酮溶液,充分混匀后将试管置于沸水浴中显色 60 min;置于冰盒中冷却后,吸取 4 mL 甲苯加入试管中,充分振荡混匀后静置分层,将红色物质充分萃取;将吸取的甲苯层于紫外-可见分光光度计 520 nm 处比色 3 次,取平均值。以每升溶液的脯氨酸含量为横坐标、以平均 OD 值为纵坐标作标准曲线,如图 3-1 所示。

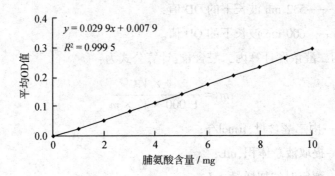

$$y = 0.029\,9x + 0.007\,9$$
$$R^2 = 0.999\,5$$

图 3-1　脯氨酸含量标准曲线

（2）脯氨酸含量的测定

采用磺基水杨酸法测定脯氨酸含量。称取一定量的各处理时间点的砂藓，剪碎后放入试管中，加入 5 mL 3% 的磺基水杨酸，沸水浴浸提 10 min，冷却后吸取 2 mL 至另一支试管中，再加入 2 mL 冰乙酸、2 mL 蒸馏水、4 mL 2.5% 的茚三酮溶液，沸水浴显色 1 h，冷却后加入 5 mL 甲苯进行萃取；以甲苯为空白对照，测得 520 nm 波长下的 OD 值。每个处理重复 3 次。根据脯氨酸含量标准曲线计算出脯氨酸含量，计算公式为：

$$m_2 = \frac{m_\mathrm{b} \times V_\mathrm{t}}{1\,000 \times V_\mathrm{s} \times m_\mathrm{y}} \tag{3-4}$$

式中：m_2——脯氨酸含量，mg/g；

　　　m_b——标准曲线对应的值，mg；

　　　m_y——样品质量，g；

　　　V_t——提取液总体积，mL；

　　　V_s——测定时的加样量，mL。

3.2.5　可溶性糖含量测定

（1）可溶性糖含量标准曲线的制作

配制每升含有 10 mg、20 mg、40 mg、60 mg、80 mg、100 mg 蔗糖的标准蔗糖溶液 3 份，分别取标准蔗糖溶液 0.1 mL，依次向每个试管中加入 5 mL 蒽酮试剂，振荡混匀；将各试管沸水浴加热 10 min，取出后置于冰盒中冷却至室温，在

625 nm 波长下测定 OD 值,读取各管 OD 值,取平均值。以每升溶液的蔗糖含量为横坐标、以平均 OD 值为纵坐标作标准曲线,如图 3-2 所示。

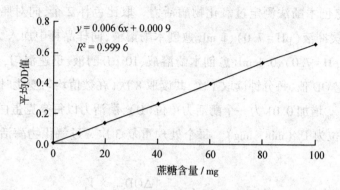

图 3-2 可溶性糖含量标准曲线

(2)可溶性糖含量的测定

采用蒽酮比色法测定可溶性糖含量。称取一定量的各处理时间点的砂藓,剪碎后放入试管中,加入 15 mL 蒸馏水,沸水浴 30 min,冷却后吸取上清液至容量瓶中,将残渣洗涤数次后定容;吸取 1 mL 待测样品至试管中,再加入 5 mL 蒽酮,快速摇匀后沸水浴 10 min;冷却后在 625 nm 波长下测定 OD 值。每个处理重复 3 次。根据可溶性糖含量标准曲线计算可溶性糖含量,计算公式为:

$$m_3 = \frac{m_b \times V_t \times N}{1\ 000 \times V_s \times m_y} \tag{3-5}$$

式中:m_3——可溶性糖含量,mg/g;

m_b——标准曲线对应的值,mg;

m_y——样品质量,g;

V_t——提取液总体积,mL;

V_s——测定时的加样量,mL;

N——稀释倍数。

3.2.6 过氧化物酶活力测定

称取一定量的各处理时间点的砂藓放入研钵中,加入 5mL 20 mmol/L 的磷酸缓冲液(pH=7.0),再加入少许石英砂,冰浴研磨至匀浆,在4 000 r/min的转速下离心15 min,所得上清液即为过氧化物酶粗酶液,于4 ℃保存待用。

采用愈创木酚法测定过氧化物酶活力。取比色杯2个,向对照杯中加入3 mL磷酸缓冲液(pH=7.0)、1 mL愈创木酚溶液,向样品杯中加入2.9 mL磷酸缓冲液(pH=7.0)、0.1 mL愈创木酚溶液、10 μL酶液,迅速混匀,在470 nm波长下测定OD值,每分钟读取1次,共读取8次(在数值均匀变化时读数),以每分钟OD_{470}增加0.01为一个酶活力单位(U),酶活力以每毫克蛋白质中的U数表示,单位为U/(min·mg)。每个处理重复3次。过氧化物酶活力计算公式为:

$$过氧化物酶活力 = \frac{\Delta OD_{470} \times V_t}{0.01 \times V_s \times m_y \times t} \qquad (3-6)$$

式中:m_y——样品质量,g;

V_t——提取液总体积,mL;

V_s——测定时的加样量,mL;

t——反应时间。

3.2.7 叶绿素荧光动力学参数测定

用Li-6400 XT便携式光合作用测定仪测定砂藓的叶绿素荧光动力学参数,每个材料设10次重复,设定条件为:叶室温度为20~25 ℃;测定前用光照强度为1 000 μmol/(m²·s)的光进行诱导;样品室CO_2浓度设定为400 μmol/mL,光合作用测定仪流速设定为500 μmol/s。用脉冲调制式荧光叶室对叶绿素荧光动力学参数中光系统Ⅱ(PSⅡ)的F_v/F_m、F'_v/F'_m、q_P、NPQ进行测定。

3.2.8 数据分析

作图使用Microsoft Office Excel 2003软件。数据统计分析使用SPSS 20.0软件,运用单因素方差分析检验实验处理对各项参数的影响。不同胁迫时间下结果的比较采用多重检验方法。为说明不同胁迫处理对砂藓生理生化及光合特性的影响,将本章实验不同处理组与对照进行差异显著性分析,$P<0.05$ 为差异显著,$P<0.01$ 为差异极显著。重复取样取平均值,进行描述性统计学分析,平均值的标准误差用误差线表示。

3.3 结果与分析

3.3.1 脱水胁迫下砂藓相对含水量的变化

由图 3-3 可知:正常生长条件下砂藓体内的相对含水量在 90% 左右;当遭受快速脱水胁迫时,随着胁迫时间的延长,相对含水量相应减少,且在 10 min 时骤然下降到 35% 左右;当脱水胁迫持续 30 min 后,相对含水量基本保持不变,维持在 11% 左右,说明砂藓的含水量达到极值。

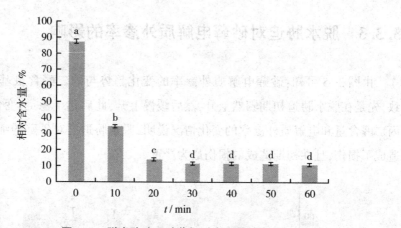

图 3-3 脱水胁迫下砂藓相对含水量的变化

3.3.2 脱水胁迫对砂藓丙二醛含量的影响

丙二醛是膜脂过氧化的主要产物之一,可与细胞膜上的蛋白质、酶交联使之失活,从而破坏细胞膜的结构。丙二醛含量能够反映膜脂过氧化作用强弱和植物受伤害程度。

由图 3-4 可知:在脱水处理初期(10 min 内),砂藓丙二醛含量骤然上升,此后呈缓慢上升趋势;随着胁迫时间的延长,丙二醛含量逐渐趋于稳定,脱水处理 30 min 后,丙二醛含量的变化差异不显著。

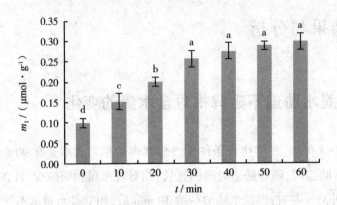

图 3-4　脱水胁迫对砂藓丙二醛含量的影响

3.3.3　脱水胁迫对砂藓电解质外渗率的影响

由图 3-5 可知:砂藓电解质外渗率的变化趋势与丙二醛含量基本保持一致,先是在脱水胁迫初期骤然上升,然后缓慢上升,此后趋于稳定,变化不显著。丙二醛含量和电解质外渗率的变化情况说明,脱水胁迫已对砂藓的细胞膜结构造成了损伤,且在初期造成的损伤最为严重。

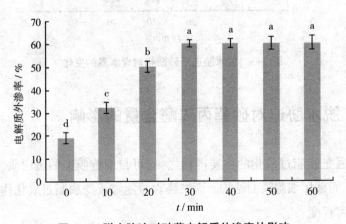

图 3-5　脱水胁迫对砂藓电解质外渗率的影响

3.3.4 脱水胁迫对砂藓脯氨酸含量的影响

脯氨酸作为植物生长过程中重要的渗透调节物质,具有较强的渗透调节能力,并起到维持细胞膜结构稳定的作用。脯氨酸的主要功能是调节细胞的含水量和膨压,从而维持植物的正常生理功能。在正常生长情况下,植物体内的脯氨酸含量较少。几乎所有逆境(例如土壤湿度、环境温度发生改变出现的干旱、洪涝、低温、高温及盐渍等胁迫)都会使植物体内的脯氨酸迅速累积于植物器官中。

由图 3-6 可知:在脱水胁迫下,砂藓脯氨酸含量的变化趋势与丙二醛含量大体一致,都呈逐渐上升趋势,在脱水处理 30 min 后开始趋于稳定,变化较大。这说明脯氨酸在砂藓维持细胞渗透压过程中发挥重要作用。

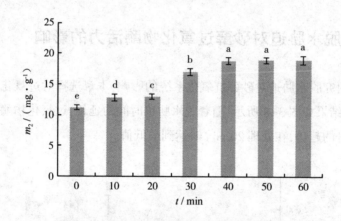

图 3-6　脱水胁迫对砂藓脯氨酸含量的影响

3.3.5 脱水胁迫对砂藓可溶性糖含量的影响

可溶性糖参与渗透调节,并在维持植物蛋白质稳定方面起到重要作用。可溶性糖作为代谢的中间产物或终产物调节植物的生长、发育、抗性形成等多个生理过程,同时参与胞内信号调节或转导过程。

由图 3-7 可知:砂藓可溶性糖含量随着脱水胁迫时间的延长而增加;在处

理 20 min 时,可溶性糖含量骤然增加,之后开始呈平稳趋势。这说明可溶性糖在砂藓维持细胞渗透压过程中发挥重要作用。

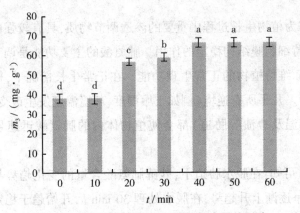

图 3-7　脱水胁迫对砂藓可溶性糖含量的影响

3.3.6　脱水胁迫对砂藓过氧化物酶活力的影响

为了研究脱水胁迫对砂藓抗氧化系统的影响,本章选择对过氧化物酶活力进行测定,结果如图 3-8 所示:随着脱水胁迫时间的延长,过氧化物酶活力呈先下降后上升的趋势,在处理 20 min 时达到最低值。

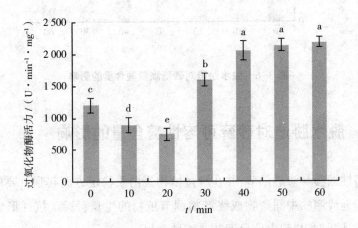

图 3-8　脱水胁迫对砂藓过氧化物酶活力的影响

3.3.7 脱水胁迫对砂藓光合作用的影响

叶绿素荧光动力学参数是一组用于描述植物光合作用机理和光合生理状况的变量或常数,反映植物"内在性"的特点,几乎所有植物的光合作用过程变化均可通过这些参数反映出来。研究脱水胁迫下砂藓的叶绿素荧光特性有助于了解其耐旱机制。本章对砂藓的 4 个叶绿素荧光动力学参数进行了测定,由图 3-9 可知:F_v/F_m 和 F'_v/F'_m 随着脱水胁迫程度的增加而呈下降趋势;q_P 在脱水胁迫初期显著下降,在胁迫 50 min 后基本不变;在脱水胁迫初期,NPQ 呈上升趋势,之后基本保持不变,未发生显著变化。这说明脱水胁迫下 PSⅡ吸收的不能用于光化学反应的过剩光能通过非辐射热耗散的形式消耗。

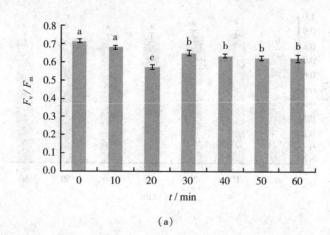

(a)

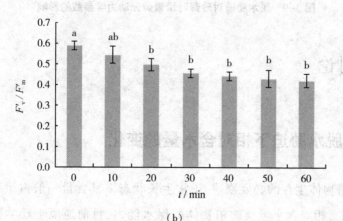

(b)

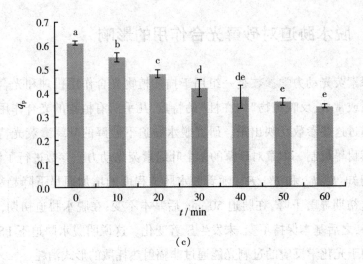

(c)

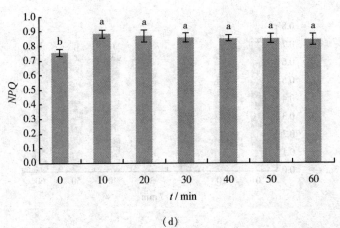

(d)

图 3-9 脱水胁迫对砂藓叶绿素荧光动力学参数的影响

3.4 讨论

3.4.1 脱水胁迫下相对含水量的变化

水是植物体生存的必要物质,正常生长状态下其含量一般占组织鲜重的65%~95%。相对含水量反映植物体的保水能力,目前逆境生理学研究中通常依据相对含水量确定逆境中植物遭受胁迫的强度。在脱水环境下,不同苔藓植物体内的相对含水量是不同的。本章中,在采用活化硅胶进行快速脱水胁迫处理约 30 min 后,砂藓的相对含水量维持在 11% 左右,基本保持稳定。许多苔藓植物具有较强的耐旱性,对环境有一定的适应性,在极端恶劣环境下其体内可保持一定的水分以维持生命活动。吴楠等人研究生物结皮中齿肋赤藓在自然脱水和复水过程中的响应时发现:在脱水的最初 6 h 内,齿肋赤藓配子体的相对含水量下降约 50%;12 h 后其相对含水量小于 10%;14 h 后其相对含水量基本维持在小于 5% 的水平。同时,他们发现,作为喀斯特地貌地区富钙、干旱等生境建群种的鳞叶藓,在脱水 20 h 后相对含水量维持在 8.8% 的水平。由此可见,在不同的脱水胁迫条件下,不同苔藓植物体内的相对含水量是不同的,说明在长期的进化过程中,它们的脱水耐性是有差别的。

3.4.2 脱水胁迫对细胞膜结构稳定性的影响

细胞膜由磷脂双分子层和镶嵌的蛋白质组成,是包围在细胞外围的结构,是细胞与环境的边界,是细胞的通透性屏障,也是细胞与外界进行物质运输、能量交换和信息传递的重要场所与中介。当植物处于逆境时,细胞膜的结构会有所变化或遭到损伤。关于引起细胞膜损伤的机理有多种假说,得到一致认同的是:细胞膜受到损伤后,膜上出现孔道,膜透性增加,膜内的可溶性物质大量向膜外渗漏,破坏细胞内外的离子平衡,引起代谢紊乱。Wang 等人发现,在干旱胁迫诱发的氧化失衡过程中,极度耐旱的复苏植物卷柏(*Selaginella tamariscina*)的细胞膜结构发生了变化。本章研究结果显示,在脱水胁迫下,砂藓体内丙二醛含量和质膜透性都显著增加。膜透性增加,丙二醛含量也增加,说明脱水胁迫下活性氧的产生和积累是使丙二醛含量增加的关键。该结果表明膜脂过氧化程度加剧,膜结构受到了严重损伤。在脱水胁迫 30 min 后,丙二醛含量和膜透性基本趋于稳定状态,这说明脱水胁迫对砂藓造成的伤害很大。

3.4.3   脱水胁迫对渗透调节物质积累的影响

渗透调节是指调节细胞内的渗透势,它是植物响应脱水胁迫的一个重要生理反应,也是植物耐旱的一种重要生理机制。大量研究表明,在逆境胁迫下,植物体内大量积累可溶性糖和脯氨酸是响应胁迫的一种体现,可维持细胞原生质与环境之间的渗透平衡以便保护植物,因此可溶性糖含量和脯氨酸含量可作为研究植物抗逆性强弱的重要依据。本章研究结果显示,在脱水胁迫下,随着胁迫时间的延长,相对于对照材料,砂藓体内可溶性糖含量和脯氨酸含量都呈上升趋势,这说明可溶性糖和脯氨酸可能在维持细胞渗透压过程中发挥了作用,提高了砂藓的耐旱能力,从而对脱水胁迫有较强的适应能力。在脱水胁迫 30 min 后,二者的含量基本趋于稳定状态,与丙二醛含量和膜透性的变化趋势一致,推测其原因可能是快速脱水使砂藓过早进入休眠状态,代谢活动基本停止,而渗透调节物质的含量维持在一定水平,从而对砂藓产生保护作用。

3.4.4   脱水胁迫对保护酶活力的影响

过氧化物酶是植物膜脂过氧化酶促防御体系中重要的保护酶,能催化 H_2O_2 氧化其他底物后产生 H_2O,抑制膜内不饱和脂肪酸氧化分解成丙二醛从而保护细胞膜。当植物遭受逆境胁迫时,过氧化物酶的含量会升高,其含量的高低与胁迫程度和持续时间有较大关系。本章中,砂藓过氧化物酶活力在遭受脱水胁迫初期呈下降趋势,而后上升,可能是因为在快速脱水胁迫过程中保护酶的结构被破坏,酶活力下降,而在之后的胁迫过程中酶活力提高,进而抵御活性氧对砂藓造成的伤害。

3.4.5   脱水胁迫对光合作用的影响

光合作用是植物重要的生理过程之一,可为植物的生长提供所需的物质和能量。研究脱水胁迫条件下砂藓叶绿素荧光动力学特性的变化,对探究其耐旱机制有重要意义。

光合作用的主要场所是叶绿体,它是对脱水胁迫敏感的细胞器。在植物正常生长情况下,叶绿体吸收的光能主要通过光合电子传递、叶绿素荧光和热耗散3种途径被消耗,这3种途径能反映光合作用的实际情况。许多研究表明,光合作用受到影响的原初部位是与PSⅡ紧密联系的,脱水胁迫导致叶绿体的光合作用机构被破坏,PSⅡ放氧复合物遭受损伤,PSⅡ捕光色素蛋白复合物各组分发生变化。叶绿素荧光动力学参数有很多,本章选取了 F_v/F_m、F'_v/F'_m、q_P 和 NPQ 4种参数对砂藓在脱水胁迫条件下的光合作用情况进行研究。

NPQ 体现植物光合系统的一种自我保护机制,它反映 PSⅡ 捕光色素分子吸收的光能中不能用于光合电子传递而以热的形式耗散掉的光能部分。本章中,对于对照样品,在处理后的 10 min 内,NPQ 升高,说明砂藓能将过剩光能以热耗散的形式消耗掉,避免脱水胁迫对光合机构造成伤害,这是植物适应生存环境的一种保护机制。随着胁迫时间的延长,NPQ 基本保持不变,说明这种保护机制始终存在。q_P 反映 PSⅡ 捕光色素吸收的光能用于光合电子传递的份额,也在一定程度上反映 PSⅡ 反应中心的开放程度。本章中,在脱水胁迫初期,q_P 显著下降,说明脱水胁迫过程中 PSⅡ 原初光能转换效率、PSⅡ 潜在活性受到抑制,直接影响光合作用的电子传递。之后,随着胁迫程度的增强,q_P 同 NPQ 一样基本保持不变,说明砂藓极有可能进入休眠状态。本章研究结果显示,F_v/F_m 和 F'_v/F'_m 随着胁迫程度的增强而呈下降趋势,这可能是因为脱水胁迫影响了砂藓的能量供应与需求等相关功能。这些变化会降低光化学效率和减少用于光化学作用的能量需求,使得光合作用光化学反应中的光能份额减少从而减少砂藓对能量的需求,最终降低光合活性及潜在的光合能力。这些结果说明砂藓在对脱水胁迫做出响应时会降低自身的光合活性,从而在一定程度上缓解脱水胁迫对其造成的损伤。

3.5 本章小结

本章在生理学方面对脱水胁迫下砂藓的一系列生理指标进行了测定,结果表明:随着胁迫时间的延长,砂藓的相对含水量下降很快,在 30 min 后基本保持不变;丙二醛含量和质膜透性趋势保持一致,都呈上升趋势,在 30 min 后基本保持不变;渗透保护物质脯氨酸和可溶性糖含量呈上升趋势;荧光动力学参数测定结果显示,随着胁迫时间的延长,NPQ 呈上升趋势,q_P、F_v/F_m 和 F'_v/F'_m 呈下降趋势,且 F_v/F_m 和 F'_v/F'_m 都在 30 min 后基本保持不变。由此可见,快速脱水 30 min 后,砂藓体内的一系列生理生化反应都趋于平稳状态,故选用快速脱水处理 30 min 的材料作为后续 RNA-Seq 所用的材料。

4 脱水胁迫下砂藓转录组分析

在特定的环境和条件下,一个特定活细胞能产生许多转录物(即 RNA),这些 RNA 的总和即转录组。转录组分析能从整体 RNA 水平深入研究基因的结构及功能,与全基因组分析相比,能得到更高效的有用的基因信息。高通量测序技术具有不需预知物种基因信息、分析准确、可检测到低转录物基因等优点,成为转录组学研究常用的测序技术。

苔藓植物响应脱水胁迫的机制不同于其他高等植物,而砂藓是苔藓植物中典型的耐脱水藓类,所以研究其耐脱水机制具有重要意义。对苔藓植物耐脱水机制的研究虽然取得了一定的进展,但相对于模式植物(拟南芥、水稻等)而言,其信息量还远远不够。高通量测序技术的出现,为从转录组水平分析苔藓植物的耐脱水机制提供了可能。因此,本章以砂藓为实验材料,对其进行快速脱水处理,运用 RNA-Seq 技术进行转录组分析,获得基因的表达信息,并对其功能进行预测,力求为深入研究砂藓的耐脱水机制提供全面的基因数据。

4.1　实验材料

4.1.1　植物材料

依据脱水胁迫下对砂藓各项生理指标进行测定得到的数据,最终选择用活化硅胶快速脱水 30 min 的砂藓无菌配子体作为 RNA-Seq 所用的材料(GH),同时以正常生长条件下的砂藓无菌配子体作为对照材料(CK)。

4.1.2　主要试剂

Oligo(dT)$_{15}$、脱氧核糖核苷三磷酸(dNTP)、M-MLV 反转录酶、核糖核酸酶(RNase)抑制剂、消化酶脱氧核糖核酸酶Ⅰ(DNase Ⅰ)、pMD18-T Simple 载体、DNA Marker、SsoFast™ EvaGreen® Supermix、大肠杆菌(E.coli) DH5α、十二烷基硫酸钠(SDS)、焦碳酸二乙酯(DEPC)、三羟甲基氨基甲烷盐酸盐(Tris-HCl)、

哌嗪-1,4-二乙磺酸(PIPES)、二甲基甲酰胺、水饱和酚、氯仿/异戊醇、5-溴-4-氯-3-吲哚-β-D-半乳糖苷(X-Gal)、异丙基硫代-β-D-半乳糖苷(IPTG)、胶回收试剂盒、乙二胺四乙酸二钠、硼砂、聚乙烯吡咯烷酮、氯仿、氯化钠、氯化锰、氯化钾、氯化钙、无水乙醇、异戊醇、氢氧化钠、氢氧化钾、盐酸、氯化锂等。

SDS缓冲液的配制:加入2%(质量浓度)的SDS、50 mmol/L的Tris-HCl、12.5 mmol/L的硼砂、200 mmol/L的氯化钠、20 mmol/L的乙二胺四乙酸二钠,用盐酸或氢氧化钠将pH值调至8.2,于室温下存放。

8 mmol/L氯化锂溶液的配制:取33.912 g氯化锂,加入80 mL 0.1%的DEPC处理水溶解,定容至100 mL,高压灭菌。

X-Gal溶液的配制:将X-Gal溶于二甲基甲酰胺中,使终浓度为20 mg/mL,于-20 ℃保存。

IPTG溶液的配制:将IPTG溶于水中,使终浓度为24 mg/mL,于-20 ℃保存。

氨苄青霉素贮存液的配制:称取一定量的氨苄青霉素溶于水中,使终浓度为50 mg/mL,于-20 ℃保存。

0.5 mol/L PIPES溶液(pH=6.7)的配制:将15.1 g PIPES溶于80 mL水中,用5 mol/L氢氧化钾将pH值调至6.7(超过可以用盐酸调回),加水定容至100 mL,用孔径为0.22 μm的滤膜过滤,于-20 ℃保存。

Inoue转化缓冲液的配制:称取10.88 g氯化锰、2.20 g氯化钙、18.65 g氯化钾溶解于一定量的水中,加入20 mL PIPES,加水定容至1 000 mL,于4 ℃保存备用。

4.2　实验方法

4.2.1　砂藓总RNA的提取及检测

采用改良SDS法提取总RNA,略做改动,具体步骤如下:

①向1.5 mL离心管中预先加入750 μL SDS提取液、预冷的300 μL水饱和

酚与 300 μL 氯仿。

②向材料中加入适量聚乙烯吡咯烷酮,于液氮中充分研磨后迅速加至上述离心管中,漩涡振荡 10 min,于转速为 12 000 r/min 的 4 ℃离心机上离心 15 min。

③向新离心管中预先加入 350 μL 氯仿和 350 μL 水饱和酚,用微量移液器将所得的上清液吸取到该管中,漩涡振荡 10 min,于转速为 12 000 r/min 的 4 ℃离心机上离心 15 min。

④取上清液,重复步骤②(此步骤根据具体情况进行,如 GH 需要重复抽提 2 次,而 CK 只需重复 1 次)。

⑤向上清液中加入等体积的 CI(氯仿:异戊醇=24:1),漩涡振荡 5 min,于转速为 12 000 r/min 的 4 ℃离心机上离心 15 min。

⑥向上清液中加入 1/2 体积无水乙醇和 1/2 体积 8 mol/L 的氯化锂,上下颠倒混匀,于-80 ℃冰箱中快速沉淀 30 min,于转速为 12 000 r/min 的 4 ℃离心机上离心 20 min。

⑦去上清液,用 75%的乙醇洗涤沉淀 1~2 次,置于超净工作台内干燥,加入适量 0.1%的 DEPC 处理水溶解。

为防止总 RNA 中残留的基因组 DNA 干扰后续实验,我们参照 DNase Ⅰ(无 RNase)的使用说明对得到的总 RNA 进行纯化,具体步骤如下:

①向 1.5 mL 离心管中按顺序加入 40 μL 总 RNA、5 μL DNase Ⅰ缓冲液、5 μL DNase Ⅰ,于 37 ℃水浴锅中孵育 30 min。

②向离心管中加入 150 μL DEPC 处理水、100 μL 氯仿和 100 μL 水饱和酚,漩涡振荡 5 min,于转速为 12 000 r/min 的 4 ℃离心机上离心 10 min。

③用微量移液器将上清液吸取到离心管中,加入等体积的 CI(氯仿:异戊醇=24:1),漩涡振荡 5 min,于 12 000 r/min 的 4 ℃离心机上离心 10 min。

④向上清液中加入 2 倍体积的无水乙醇,上下颠倒混匀,于-80 ℃冰箱中快速沉淀 30 min,于 12 000 r/min 的 4 ℃离心机上离心 20 min。

⑤去上清液,用 75%的乙醇洗涤沉淀 2 次,置于超净工作台内干燥,加入适量 0.1%的 DEPC 处理水溶解。

⑥用 0.8%的琼脂糖凝胶进行电泳检测,采用 NanoDrop 2000 紫外-可见分光光度计测定总 RNA 的浓度与纯度。

⑦将满足测序质量要求的总 RNA 样品保存于无水乙醇中,用于 RNA-Seq。

4.2.2 RNA-Seq 方法

4.2.2.1 样品测序前检测

①将样品于-80 ℃冰箱中沉淀 1 h,于转速为 13 000 r/min 的 4 ℃离心机上离心 20 min。

②用微量移液器小心吸掉上清液,向沉淀中加入 500 μL 75%的乙醇,轻轻振荡进行洗涤,于转速为 13 000 r/min 的 4 ℃离心机上离心 7 min。

③去上清液,将沉淀晾干,用适量 DEPC 处理水溶解。

④将所得 RNA 样品充分混合,取出 1 μL 用 DEPC 处理水稀释,达到合适的浓度,用 2100 生物分析仪检测 RNA 的质量,RNA 完整性指数(即 RNA 完整值) *RIN*>8 后用于后续实验。

4.2.2.2 测序文库制备

按照 RNA-Seq 的流程进行实验:

①得到合格的总 RNA 后,加入带有 Oligo(dT)的磁珠,将其中的 mRNA 吸附出来,并进行洗脱。

②在 mRNA 中加入二价阳离子缓冲液,将 mRNA 打断形成短的片段,然后以其为模板,加入六碱基随机引物,合成 cDNA 第一链。

③在第一链中加入合成第二链所需的缓冲液(Buffer)、RNase H 内切酶、dNTP 和 DNase Ⅰ,合成 cDNA 第二链,然后按照快速 PCR 纯化试剂盒说明书对双链 cDNA 进行纯化,最后将双链 cDNA 溶入一定量的 EB 缓冲液,以便洗脱。

④对纯化的 cDNA 做末端补平及磷酸化,通过 T4 DNA 聚合酶反应等在 3′端加上 poly(A)尾,并再次进行纯化。

⑤在纯化后的 3′端加上接头后,按照 PCR 纯化试剂盒说明书对其进行纯化,然后进行琼脂糖凝胶电泳,分离、回收测序所需大小的片段。

⑥以回收的 cDNA 片段为模板进行 PCR 扩增,作为测序 cDNA 文库,用 HiSeq 2000 测序仪进行测序。

4.2.3　测序结果分析

4.2.3.1　测序产量统计及组装

测序得到的标签并不都是有效的,须对其过滤,程序如下:

①将含有接头的标签去掉。

②当标签中 N 所占比例大于 5% 时须去掉。

③当标签的质量值 $Q \leqslant 10$,且所包含的碱基数比例达到 20% 以上时须去掉。

④所有无效的标签被去掉后,剩余的标签就是干净的标签。后续的所有分析都以此为基础。

使用转录组组装软件 Trinity 对短标签做转录组从头组装(de novo),可获得 Contig 片段和 Unigene 片段。Contig 片段是指将具有重叠区域的标签连接起来组装而得的序列,即重叠群。但是,不同重叠群极有可能来自同一个转录物,因而须将这些标签重新比对到重叠群上,利用成对末端标签确定它们之间的距离,若有关系,则重新拼接直到序列两端无法再延伸,即得到 Unigene。还须使用 Trinity 软件对所得的 Unigene 去冗余和进一步拼接,再进行同源转录物聚类,得到最终的 Unigene。

获得 Unigene 后,以 E 值(E-value)小于 $1.0e^{-5}$(即 1.0×10^{-5})为衡量标准,通过 NCBI 数据库中的在线工具 blastx 与数据库进行比对,找到相似性最高的蛋白序列,从而确定其序列方向,以便用于后续的功能注释。常用的数据库有:非冗余蛋白序列数据库(Nr 数据库,是整合的蛋白质数据库)、Swiss-Prot 蛋白质序列数据库(简称 Swiss-Prot 数据库,是已注释的蛋白质数据库)、蛋白质直系同源簇数据库(COG 数据库)以及京都基因和基因组数据库(KEGG 数据库,是代谢途径数据库)。与不同数据库比对的结果若有差异,则按照以上 4 种数据库的优先级顺序确定 Unigene 的方向。若还有一部分序列与任何数据库的序列都匹配不上,则使用 ESTScan 软件重新确定其方向。

4.2.3.2 All-Unigene 功能注释

功能注释是指采用生物信息学的方法对大量 Unigene 进行生物学的高通量注释,主要有蛋白功能注释和 COG 功能注释。蛋白功能注释以 E 值小于 $1.0e^{-5}$ 为衡量标准,将 Unigene 分别用 blastx 和 blastn 比对到蛋白质数据库(4.2.3.1 节中提到的 4 种数据库)与非冗余核酸数据库(Nt 数据库)中,找到相似性最高的蛋白序列,根据该序列的蛋白信息确定 Unigene 的蛋白信息。

Blast2GO 软件是一个强大的生物信息学分析工具,它能以 Nr 的注释信息为依据进行序列相似性搜索,直接分析基因的功能信息,获得基因本体(gene ontology,GO)注释,已得到研究者的广泛认可。本章也应用此软件进行 GO 注释。为了确定不同处理条件下砂藓基因的功能分布特征,须对获得注释的 All-Unigene 按照本体进行分类,此时应用 WEGO 软件。该软件是一个生物信息学分类工具,对 GO 注释进行比对统计、分析画图。利用 COG 数据库可以精确预测砂藓 All-Unigene 基因产物的可能功能,并将其分类到适合的 COG。利用 KEGG 数据库可获得砂藓内基因所参与的代谢途径注释,即通路。

4.2.3.3 预测 CDS

以 E 值小于 $1.0e^{-5}$ 为标准,按照 4.2.3.1 节中提到的 4 种数据库的优先级顺序,通过 blastx 将 All-Unigene 与这些数据库进行比对,找出比对结果中最高等级的蛋白,依据蛋白序列确定比对序列的 CDS 序列。针对与任何数据库都比对不上的序列,则用 ESTScan 软件预测 CDS。根据"3 个密码子决定 1 个氨基酸"的特点,将 CDS 的核酸序列翻译成氨基酸序列。

4.2.3.4 Unigene 差异表达分析

砂藓 GH 样品和 CK 样品中存在大量表达量不同的基因,进行差异表达分析可发掘出这些基因。应用 FPKM 法可对每个基因的表达量进行计算(以 A 基因为例),其计算公式见式 4-1:

$$FPKM = \frac{10^6 C}{ML \times 10^{-3}} \tag{4-1}$$

式中:*FPKM*——*A* 基因的表达量;

    C——唯一比对到 *A* 基因的片段数;

    M——唯一比对到所有基因的总片段数;

    L——*A* 基因的碱基数。

FPKM 法的优点是:计算 GH 样品及 CK 样品中 *A* 基因的表达量时可以忽略基因大小和测序量差异的影响,根据所得结果可直接对其差异进行比较。

砂藓 GH 样品和 CK 样品的差异表达基因须经过严格筛选,所采用的方法为以测序为基础的差异表达基因检测法。该方法由 Audic 等人提出,相关研究发表于 *Genome Research* 杂志上。筛选差异表达基因时,须做多重假设检验。为保证整体错误发生率足够小,须对 *A* 基因的 *P* 值(P-value)进行校正,而错误发现率(*FDR*)法就是一种统计学校正方法。同时,根据 *FPKM* 值可以得出 *A* 基因在 GH 样品和 CK 样品间的差异表达倍数。若 *A* 基因的 *FDR*≤0.001,且差异表达倍数大于或等于 2 倍,则将其定义为差异表达基因。*A* 基因在 GH 样品和 CK 样品中的 *FDR* 值越小,差异表达倍数越大,则说明其表达差异越显著。以此类推,找出所有差异表达的 Unigene,对它们进行 GO 功能分析和 KEGG 代谢途径分析。

对砂藓的所有差异表达基因进行 GO 功能分析,既可获得 3 个本体分类注释,又可实现 GO 功能显著性富集分析,具体流程如下:

①将获得的差异表达基因向 GO 数据库中每个 GO 的基本单位映射。

②核算各 GO 基本单位内基因的数量,获得每个本体中的功能基因列表和 Unigene 数量。

③应用超几何分布检验,找到显著性富集的 GO 条目,可确定差异表达基因在每个本体中的主要功能。

④对差异表达基因进行通路分析,也可应用超几何分布检验找到显著性富集的通路,从而确定差异表达基因参与的主要生化代谢途径和信号转导途径。

4.2.4 qRT-PCR 验证测序结果

为验证 RNA-Seq 测序结果的准确性,以 *actin* 为内参基因,采用 qRT-PCR

方法对随机选取的 20 个差异表达的 Unigene 进行验证。按照反转录酶说明书对测序样品的总 RNA 进行反转录,合成 cDNA 第一链,稀释 10 倍,用作反应模板。严格按照 qRT-PCR 引物设计原则,设计 20 对差异表达基因引物和内参基因引物,引物序列见表 4-1。

表 4-1 qRT-PCR 的引物序列

基因名称	上游引物	下游引物
Unigene55878	GGGCGTTCAAGGAAGTGA	CCCATTATCTCAGCAGCAAG
Unigene50496	TCACCGAAGAATGACAACGA	CACCTCCAGATTAGCGACGA
Unigene7158	ACGCTGAAGAAGGGCGACT	TTGGCACGAAGTGATGATGCTT
CL1298. Contig4	AGCGTGCGAAGGATTTCA	GCGGTGCTCTTGTATGACG
Unigene37855	AGAGTCGCAGAACGGAGAGA	CGGGTGGAGATTCAGAGGT
Unigene32300	GGGCCATCACAGTCTCCTTA	CAGTGCGAATTTGAAGAGCA
Unigene62116	TGGAGATGACAAGACCGATG	GAAGCACCCGTTGAAATACC
CL2951. Contig2	TTACAACGCACCCTTCTTCA	TACTCCTTCACACGCAACGA
Unigene42739	CAAGTGAAGGCACAACGATT	CGGTGGAGACTGACAAGACC
Unigene55272	AATGCTGGAAGGCGTGATT	TGCGAGGCTACTGTGGAGTT
Unigene25655	CAGCTCTGCTTGCCATCTG	GCGCTTATTAGGGTTGTGGA
CL1222. Contig4	CTTCCGAGTTGGAGATGGAG	CAGAGGTAGTGGGCGTGGCCA
Unigene33605	ACTTCTTGGTCTTCTTCTCT	ATGTGCGCAAGAAGATTGGTG
Unigene32675	CAAGATCTATGTTGAATAA	AAGTACTAACAACATTAGACA
Unigene35530	TACTTGAAGACTTCGTAGAA	ATCCAACTCGCAAGCGTGGAA
Unigene37947	GGACGAGGTTGCCGAGGATG	CTTGGAGAAGTCGATGCCGCC
Unigene60584	TAAGGGATCTTCTCGAGCTG	GAGACCATCACCATCCGCACA
Unigene49197	TGCGTGGTCTCGTTAATGTA	ATTCTGGAAATTCTCGAGCCGAT

续表

基因名称	上游引物	下游引物
*Unigene*37977	TCGATCTGGTCAAGCTCAA	GCACAGGAGATCATCGACAGCA
*CL*3862. *Contig*1	TGACAGAGATCTTGCCGGC	CGCATCGAGAATGTCTTTGCTCA
actin	GGCGATTCAGGCAGTGTT	TCAGTGCGTCCGTCAAGT

以 Oligo(dT)$_{15}$ 为锚定引物,利用 M-MLV 反转录酶进行反转录,合成 cDNA 第一链,作为 qRT-PCR 的模板。cDNA 第一链的合成步骤如下:

①向无核酸酶污染的 1.5 mL 离心管中依次加入 2 μg 纯化的 RNA、1 μg 引物 Oligo(dT)$_{15}$,用无核酸酶水补足至 15 μL。

②将离心管置于 70 ℃水浴中 5 min,然后立即在冰上冷却至少 1 min,以避免形成二级结构。

③在复性的引物中依次加入 M-MLV 5×反应缓冲液 5 μL、dNTP 5 μL、RNase 酶抑制剂(40 U/μL)25 U、M-MLV 反转录酶(40 U/μL)200 U,用无核酸酶水补足至 25 μL。

④将离心管置于 70 ℃水浴中 60 min,于-20 ℃冰箱中保存备用。

参照 SsoFast™ EvaGreen® Supermix 荧光定量试剂盒说明书,于 CFX-96 荧光定量 PCR 仪上进行 qRT-PCR。

PCR 反应体系如下:

SsoFast™ EvaGreen® Supermix(2×)	10 μL
上游引物	0.5 μL
下游引物	0.5 μL
模板	100 ng
无菌水补至	20 μL

反应程序如下:

95 ℃预变性	30 s	
95 ℃变性	10 s	
57 ℃退火	10 s	40 个循环
72 ℃延伸	20 s	

每个循环结束后采集荧光信号,溶解曲线分析温度为 65~95 ℃,每升高 0.5 ℃保温 5 s。每个样品重复进行 3 次。目标基因的相对表达量采用 $2^{-\Delta\Delta Ct}$ 法计算。

4.2.5　脱水耐性相关基因的分析

为研究砂藓的脱水耐性机制,我们从 4.2.4 节提到的 20 个差异表达基因中选取 3 个基因进行克隆,采用生物信息学方法分析其编码蛋白序列特征,同时通过 qRT-PCR 比较这些基因在脱水条件和复水条件下的表达模式,为进一步研究其功能奠定基础。分别将这 3 个基因命名为 *RcbZIP*(bZIP 转录因子相关基因,*Unigene*60584)、*RcGAPDH*(甘油醛-3-磷酸脱氢酶相关基因,*Unigene*25655)、*RcRop*(小 G 蛋白相关基因,*CL*2951.*Contig*2)。

4.2.5.1　*RcbZIP*、*RcGAPDH* 和 *RcRop* 基因的克隆

(1)总 RNA 的提取

总 RNA 的提取方法同 4.2.1 节。

(2)cDNA 第一链的合成

cDNA 第一链的合成方法同 4.2.4 节。

(3)引物的设计

根据获得的砂藓转录组中编码 bZIP、GAPDH 和 Rop 的序列,利用 NCBI 数据库中的 ORF Finder 查找其较长的完整开放阅读框(ORF),并在 ORF 两端设计一对特异引物(见表 4-2),用于扩增该基因的完整 ORF 序列。

表 4-2　*RcbZIP*、*RcGAPDH* 和 *RcRop* 基因克隆所用引物

基因名称	引物名称	引物序列
RcbZIP	*RcbZIP*-F	GTCGACTAAGACGTGATGGAGGGACT
	RcbZIP-R	GAATTCGACAGATGTGCTAACGACGGT

续表

基因名称	引物名称	引物序列
RcGAPDH	*RcGAPDH*-F	TGCTTCGGTGAGCCCTGGTGGAG
	RcGAPDH-R	TTGCCTTTCACCACCCCCCGTC
RcRop	*RcRop*-F	CAGTACCCGCTTCGGCTTCGAG
	RcRop-R	CGACCGCCTGGTGCTGACTTAC

注:F 代表上游;R 代表下游。

(4)*RcbZIP*、*RcGAPDH* 和 *RcRop* 基因的 PCR 扩增

以砂藓 cDNA 为模板,进行 PCR 扩增。

PCR 反应体系如下:

Buffer(10×)	2.0 μL
上游引物	1.0 μL
下游引物	1.0 μL
模板	2.0 ng
Taq 酶	0.2 μL
Mg^{2+}	1.4 μL
dNTP	1.0 μL
无菌水补至	20 μL

反应程序如下:

95 ℃预变性	5 min	
95 ℃变性	40 s	
58 ℃退火	30 s	30 个循环
72 ℃延伸	1 min	
72 ℃延伸	10 min	

反应结束后,通过1%琼脂糖凝胶电泳对 PCR 产物进行检测。

(5)PCR 产物的胶回收

用凝胶回收试剂盒回收 PCR 产物,具体步骤如下:

①将含有目的片段的琼脂糖凝胶放在紫外灯下,用刀片小心切下带有目的

片段的凝胶(目的凝胶)。

②称量灭菌的 1.5 mL 新离心管,将目的凝胶放入管中后再次称量,计算出目的凝胶的质量,按照 1 mg = 1 μL 的比例加入 3 倍于凝胶体积的溶胶液 BD。

③60 ℃水浴 10 min,其间每隔 3 min 轻微振荡,以促进胶体溶解。

④待溶液冷却后,用微量移液器将其小心移至吸附柱 AC 中,在常温下以 12 000 r/min 的转速离心 1 min,弃上清液,收集管底的液体。

⑤吸取 500 μL 漂洗液 W 加入吸附柱中,以 12 000 r/min 的转速离心 1 min。

⑥重复步骤⑤,以提高 DNA 的洗脱效率。

⑦再次离心 1 min,尽量除去多余漂洗液。

⑧将离心后的吸附柱 AC 小心放入新的离心管中,加入一定量预热的洗脱缓冲液(应尽量加在吸附膜中心部分)。

⑨室温静置 2 min,以 13 000 r/min 的转速离心 1 min,收集的离心液即为回收的 DNA 目的片段。

⑩可重复步骤⑨,以提高 DNA 的回收效率。

(6)目的基因与克隆载体的连接

参照克隆载体 pMD18-T Simple 说明书,将回收的目的片段分别与 pMD18-T Simple 载体连接(16 ℃过夜),10 μL 反应体系如下:

胶回收产物	5.0 μL
pMD18-T Simple 载体	1.0 μL
Solution I	4.0 μL

(7)转化

采用 Inoue 法制备感受态细胞,具体步骤如下:

①划平板:取出保存于-80 ℃冰箱中的大肠杆菌 DH5α,于 LB 固体培养基上划线,于 37 ℃倒置培养过夜。

②种子菌液的制备:从 LB 平板上挑取一个经 37 ℃培养 12~16 h 的大肠杆菌 DH5α 单菌落(直径为 2~3 mm),接种于 20 mL 的 LB 液体培养基中,在 220 r/min、37 ℃下振荡培养过夜(12~16 h)。

③子液的制备:从种子瓶中分别吸取 10 μL、100 μL、500 μL、1 000 μL 大肠

杆菌 DH5α 种子菌液至新的 100 mL LB 液体培养基中,20 ℃、1 800 r/min 摇床培养过夜。

④测 OD 值,待 OD 值为 0.4~0.8 时开始制备感受态细胞(离心机事先预冷),具体步骤如下:

a. 将培养好的菌液转移至灭菌的 50 mL 离心管中,置于冰上 10 min,至菌液冰冷,4 ℃、4 000 r/min 离心 10 min。

b. 弃上清液,将离心管倒扣于滤纸上吸干净剩余液体,或用微量移液器吸干净剩余液体。

c. 向 50 mL 离心管中加入 8 mL 预冷的 Inoue 转化缓冲液,轻轻重悬细菌沉淀,4 ℃、4 000 r/min 离心 10 min。

d. 弃上清液,将离心管倒扣于滤纸上吸干净剩余液体,或用微量移液器吸干净剩余液体。

e. 向离心管中加入 4 mL 预冷的 Inoue 转化缓冲液,轻轻重悬细菌沉淀。

f. 向离心管中加入 0.3 mL 预冷的二甲基亚砜(DMSO),混匀后冰浴 10 min。

g. 快速将菌悬液分装到冷却的无菌 1.5 mL 离心管中,每管 100 μL,没入液氮中快速冷冻,于-80 ℃冰箱中保存备用。

转化的具体步骤如下:

①在融化的 LB 固体培养基中加入氨苄青霉素(100 mg/L)、IPTG(24 mg/L)、X-Gal(20 mg/L),混匀后倒入已灭菌的培养皿中。

②从-80 ℃冰箱中取出 100 μL 感受态细胞悬液,于室温下解冻,解冻后立即置于冰上。

③加入连接产物,轻轻摇匀,在冰上放置 30 min。

④42 ℃水浴热激 90 s,这有助于 DNA 的吸附,提高转化效率。

⑤冰浴 2~5 min,加入 800 μL 新鲜的 LB 液体培养基混匀,37 ℃振荡培养 1~2 h。

⑥将转化细胞以 5 000 r/min 的转速离心 5 min,弃去上清液,加入 100 μL 新制备的 LB 液体培养基重悬菌液,涂布于含有 IPTG、X-Gal 的 LB 固体培养基上,正面放置至菌液完全吸收后倒置培养。于 37 ℃培养 12~16 h,可观察到白色菌落为阳性克隆,蓝色菌落为载体自连。

⑦挑取白色单菌落置于 LB 液体培养基(含 100 mg/L 氨苄青霉素)中，37 ℃、220 r/min 振荡培养 12~16 h，获得重组质粒的菌液。

(8)重组质粒的鉴定及测序

参照质粒提取试剂盒说明书提取质粒，具体步骤如下：

①取 1.5 mL 菌液置于 2 mL 离心管中，以 12 000 r/min 的转速离心 1 min，弃去上清液。

②加入 350 μL Buffer S1 均匀悬浮菌体，不得留有菌体小碎块。

③加入 250 μL Buffer S2，温和并充分地上下翻转混合 4~6 次，使菌体充分裂解，直至形成透明溶液，此步骤控制在 5 min 内。

④加入 350 μL Buffer S3，温和并充分地上下翻转混合 6~8 次，以 12 000 r/min 的转速离心 10 min。

⑤取上清液置于制备管中，以 12 000 r/min 的转速离心 1 min，弃去滤液。

⑥将制备管放回离心管中，加入 500 μL Buffer W1，以 12 000 r/min 的转速离心 1 min，弃去滤液。

⑦将制备管放回离心管中，加入 500 μL Buffer W2，以 12 000 r/min 的转速离心 1 min，重洗一次，弃去滤液。

⑧将制备管放回 1.5 mL 离心管中，以 12 000 r/min 的转速离心 1 min。

⑨将制备管移入新的离心管中，在制备膜中央加入 60~80 μL 洗脱液或去离子水(将洗脱液或去离子水加热至 65 ℃，可提高洗脱效率)，于室温静置 1 min，以 12 000 r/min 的转速离心 1 min，于 -20 ℃冰箱中保存备用。

重组质粒的鉴定方法如下：

①PCR 鉴定：以重组质粒为模板，用 4.2.5.1 节的体系及程序进行扩增，采用 1%琼脂糖凝胶电泳检测结果。

②酶切鉴定：质粒的鉴定采用双酶切法。因克隆载体上带有 EcoR I 和 Hind III 酶切位点，故选取这两个酶切位点进行双酶切，具体体系如下：

10×M Buffer	2.0 μL
质粒	8.0 μL
EcoR I	0.5 μL
Hind III	0.5 μL
无菌水补至	20.0 μL

混匀后离心,37 ℃酶切 4 h。

反应结束后,采用1%琼脂糖凝胶电泳观察酶切情况。选择酶切鉴定正确的克隆菌液送至相关机构进行测序。

4.2.5.2 *RcbZIP*、*RcGAPDH* 和 *RcRop* 基因的生物信息学分析

用 ProtParam 在线工具分析编码蛋白的氨基酸序列的基本理化性质;用 Consevered Domains 在线工具预测蛋白的保守结构域;用 SignalP 4.1 在线工具预测与分析信号肽;用 Tmpred 在线工具预测与分析跨膜结构域;用 Protscale 在线工具预测与分析序列的亲/疏水性;用 Cell-PLoc 2.0 在线工具对亚细胞定位进行预测与分析;用 SOPMA 在线工具预测与分析二级结构;用 NCBI 数据库中的 blastp 在线工具搜索其他物种的同源氨基酸序列;用 DNAMAN 和 MEGA 5.0 软件分别进行氨基酸序列同源性比对分析与系统进化树构建。

4.2.5.3 *RcbZIP*、*RcGAPDH* 和 *RcRop* 基因的表达分析

与对照相比,*RcbZIP*、*RcGAPDH* 和 *RcRop* 这 3 个基因在快速脱水处理 30 min 时表达量很高。为比较它们在快速脱水和复水条件下的表达情况,本章采用 qRT-PCR 技术进行表达分析。快速脱水材料处理方法同 2.1.1 节。复水材料处理方法为:将快速脱水 30 min 的材料放入玻璃器皿中,用喷壶喷水使其再水化,处理时间为 1~3 d。未经处理的材料作为 CK。

qRT-PCR 引物及实验方法同 4.2.4 节。

4.3 结果与分析

4.3.1 RNA 质量检测

采用琼脂糖凝胶电泳检测用改良 SDS 法提取的砂藓 GH 和 CK 样品的 RNA,结果表明 28S 和 18S 条带清晰,无拖尾现象,且 28S 的亮度约为 18S 的 2 倍,表明 RNA 完整性较好,无降解,如图 4-1 所示。经 NanoDrop 2000 紫外-可

见分光光度计检测,A_{260}/A_{280} 为 1.8~2.0,说明 RNA 纯度较好,符合 RNA-Seq 要求。

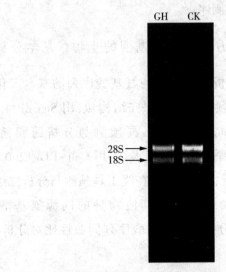

图 4-1   砂藓 RNA 琼脂糖凝胶电泳结果

用 2100 生物分析仪检测砂藓 GH 和 CK 样品总 RNA 的质量,结果显示,28S 与 18S 的质量比分别为 1.4 和 2.1,完整性良好,*RIN* 分别为 8.79 和 9.20,大于 8.00,说明合格,能达到测序所用 cDNA 文库的构建要求。

4.3.2   测序产量和组装质量统计

运用高通量测序技术对 GH 和 CK 样品进行测序,分别得到 51 581 720 个和 51 495 522 个干净的标签,*Q*20 百分率分别为 95.53% 和 95.36%,碱基 GC 百分率分别为 54.36% 和 55.00%,N 百分率为 0.00%,见表 4-3,说明测序质量较好。转录组从头组装,分别得到 65 599 个和 211 317 个 Contig,平均长度(Contig 长度是反映组装质量的指标之一)为 532 bp 和 304 bp;分别得到 41 198 个和 100 778 个 Unigene,平均长度为 971 bp 和 567 bp。应用 Trinity 软件对 GH 和 CK 样品得到的 Unigene 做进一步序列拼接和去冗余,最终得到总共识序列 83 522 个,其中不同集群 18 297 个,不同单一序列 65 255 个,平均长度为 753 bp,见表 4-4。Unigene 长度主要集中在 300~499 bp,占总数的 58.79%,见

表4-5。

表4-3 测序产量统计

样品	总未处理标签/个	总干净标签/个	总干净核酸数/nt	Q20百分率/%	N百分率/%	GC百分率/%
GH	58 485 512	51 581 720	4 642 354 800	95.53%	0.00%	54.36%
CK	58 753 606	51 495 522	4 634 596 980	95.36%	0.00%	55.00%

表4-4 组装质量统计

片段	Contig		Unigene		
样品	GH	CK	GH	CK	所有序列
总数目/个	65 599	211 317	41 198	100 778	83 552
总长度/bp	34 866 315	64 162 917	39 997 749	57 107 774	62 955 093
平均长度/bp	532	304	971	567	753
N50/个	1 383	484	1 738	935	1 309
总共识序列/个	—	—	41 198	100 778	83 552
不同集群/个	—	—	11 113	18 599	18 297
不同单一序列/个	—	—	30 085	82 179	65 255

表4-5 All-Unigene 长度分布

Unigene 长度/bp	总数目/个	百分率
300~499	49 121	58.79%
500~999	15 473	18.52%
1 000~1 499	7 213	8.63%

续表

Unigene 长度/bp	总数目/个	百分率
1 500~1 999	4 902	5.87%
2 000~2 499	3 006	3.60%
2 500~2 999	1 665	1.99%
≥3 000	2 172	2.60%

4.3.3　All-Unigene 功能注释

分别将 All-Unigene 注释到 Nr、Nt、Swiss-Prot、KEGG、COG、GO 数据库,并分别对注释到每个库以及所有注释上的 Unigene 数目进行统计,结果如图 4-2 所示。在苔藓植物中,已进行基因组测序的寥寥无几,数据库中缺乏相关信息,在砂藓已知的 83 552 个 Unigene 中,有 51 072 个能比对到 Nr 数据库,有 32 696 个能比对到 Swiss-Prot 数据库,共有 54 359 个获得注释,有 29 173 个与以上数据库无任何匹配,极有可能是砂藓中未知的新基因。

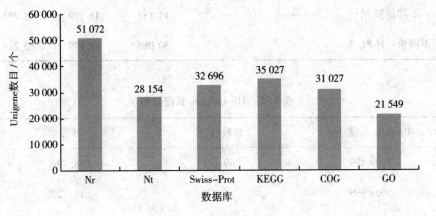

图 4-2　注释结果统计

Unigene 与 Nr 数据库做 blastx 比对时，E 值越小，说明比对结果越接近实际，唯一性越显著，置信度越高。由表 4-6 可知，33.0% 的 Unigene 与已知序列有较高的相似性（E 值 $< 1.0e^{-45}$），67.0% 的 Unigene 与已知序列有相似性（$1.0e^{-45} < E$ 值 $< 1.0e^{-5}$）。若进行比对的氨基酸序列的相似度大于 25%，则认为二者具有功能上的相似性。由相似度分布（表 4-7）可知，32.2% 的 Unigene 与已知序列的相似度小于 40%，41.2% 的 Unigene 与已知序列的相似度为 40% ~ 60%，21.0% 的 Unigene 与已知序列的相似度为 60% ~ 80%，5.6% 的 Unigene 与已知序列的相似度大于 80%，相似性极高。由表 4-8 可知，这些具有较高相似性的序列主要来源于大豆、小立碗藓、拟南芥、玉米（*Zea mays*）、水稻、二穗短柄草（*Brachypodium distachyon*）、蒺藜苜蓿，覆盖率达 57.3%，其他 42.7% 的序列来源于其他物种。其中，与小立碗藓有同源性的 Unigene 所占比例为 9.4%，这可能是因为小立碗藓全基因组测序已完成，数据库中有较多序列。

表 4-6　Nr 分类数据——E 值分布

E 值	百分率
0	5.2%
0 ~ $1.0e^{-100}$	9.2%
$1.0e^{-100}$ ~ $1.0e^{-60}$	11.4%
$1.0e^{-60}$ ~ $1.0e^{-45}$	7.2%
$1.0e^{-45}$ ~ $1.0e^{-30}$	11.0%
$1.0e^{-30}$ ~ $1.0e^{-15}$	21.3%
$1.0e^{-15}$ ~ $1.0e^{-5}$	34.7%

表 4-7　Nr 分类数据——相似度分布

相似度范围	百分率
17% ~ 40%	32.2%

续表

相似度范围	百分率
40%~60%	41.2%
60%~80%	21.0%
80%~95%	5.0%
95%~100%	0.6%

表4-8 Nr分类数据——物种分布

物种	百分率
大豆	14.7%
小立碗藓	9.4%
拟南芥	8.1%
玉米	7.2%
水稻	6.8%
二穗短柄草	6.2%
蒺藜苜蓿	4.9%
其他	42.7%

对获得的 Unigene 按基因功能进行分类,有助于了解脱水胁迫下砂藓基因表达的总体特征。COG 数据库可以把来源于不同家族的所有基因重新归类,将具有亲缘关系的划分到一起,成为直系同源簇,那么在同一个簇里的未知基因就可借助已知基因获得功能注释。将 All-Unigene 与 COG 数据库进行比对发现,共有 31 027 个 Unigene 获得功能注释,并被分为 25 类,如图 4-3 所示。所占比例较大的功能类别有一般功能基因预测、转录、翻译/核糖体结构与代谢、碳水化合物转运与代谢、翻译后修饰/蛋白质周转/分子伴侣。其次依次为功能未知、复制/重组与修复、氨基酸转运与代谢、细胞壁/细胞膜/

生物发生、细胞周期调控/细胞分裂/染色体重排、信号转导机制、能量产生与转化、细胞内运输/分泌与囊泡运输、脂类转运与代谢、无机离子转运与代谢、次生代谢物的生物合成/转运与分解代谢、RNA 加工与修饰、辅酶转运与代谢、核苷酸转运与代谢、细胞运动、防御机制、细胞骨架、染色质结构与变化、细胞外结构、核酸结构。其中,与逆境胁迫相关的功能有信号转导机制和防御机制,对应的 Unigene 共有 3 790 个;比对上一般功能基因预测的 Unigene 为 8 708 个,所占比例为 28.06%,这可能与数据库中苔藓植物基因数量较少有关;功能未知的 Unigene 有 4 067 个,所占比例为 13.11%,极有可能从中发现未知的苔藓植物新基因。

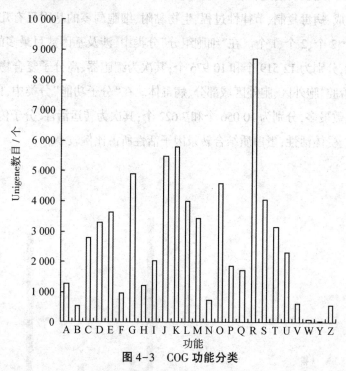

图 4-3 COG 功能分类

注:A 为 RNA 加工与修饰;B 为染色质结构与变化;C 为能量产生与转化;D 为细胞周期调控/细胞分裂/染色体重排;E 为氨基酸转运与代谢;F 为核苷酸转运与代谢;G 为碳水化合物转运与代谢;H 为辅酶转运与代谢;I 为脂类转运与代谢;J 为翻译/核糖体结构与代谢;K 为转录;L 为复制/重组与修复;M 为细胞壁/细胞膜/生物发生;N 为细胞运动;O 为翻译后修饰/蛋白质周转/分子伴侣;P 为无机离子转运与代谢;Q 为次生代谢物的生物合成/转运与分解代谢;R 为一般功能基因预测;S 为功能未知;T 为信号转导机制;U 为细胞内运输/分泌与囊泡运输;V 为防御机制;W 为细胞外结构;Y 为核酸结构;Z 为细胞骨架。

GO 数据库已经成为生物信息领域中一个极为重要的工具,通过比对 GO 数据库可从宏观上认识一个物种的基因功能分布特征。GO 共有 3 个本体,分别描述基因参与的生物学过程(见图 4-4)、基因的分子功能(见图 4-5)及细胞组分(见图 4-6)。基于序列的同源性,有 84 244 个 Unigene 获得了 GO 功能注释,共涉及 41 类功能,其中参与的生物学过程涉及 24 类(共 28 593 个 Unigene),细胞组分涉及 9 类(共 36 590 个 Unigene),分子功能涉及 8 类(共 19 061 个 Unigene)。在"参与的生物学过程"分类中,参与代谢过程和细胞过程的表达基因数最多,分别为 8 170 个和 7 472 个;其次为刺激应答、定位、定位建成、生物调控、发育过程、生物过程调控等,这些功能过程在砂藓响应脱水胁迫的过程中可能起到重要作用;参与色素形成、病毒复制、节律性过程、生物黏附、细胞凋零的基因只有几个,分别为 5 个、3 个、2 个、2 个、1 个。在"细胞组分"分类中,涉及基因数目最多的是细胞和细胞部分,分别为 12 519 个和 10 976 个;其次为细胞器、高分子复合物、细胞器部分、膜附着腔、胞外区、胞外区域部分、病毒体。在"分子功能"分类中,催化活性和结合基因数最多,分别为 10 056 个和 7 622 个;其次为转运活性、分子传感活性、抗氧化活性、受体活性;蛋白质结合转录因子活性所占比例较小。

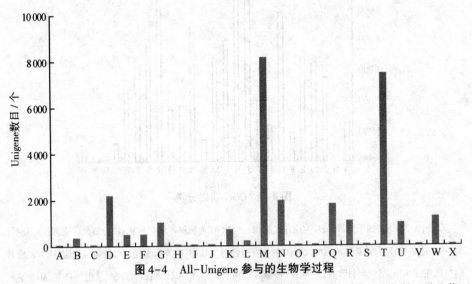

图 4-4 All-Unigene 参与的生物学过程

注:A 为病毒复制;B 为信号;C 为节律性过程;D 为刺激应答;E 为复制过程;F 为复制;G 为生物过程调控;H 为发育过程正调控;I 为色素形成;J 为生物过程负调节;K 为多细胞生物体过程;L 为多生物体过程;M 为代谢过程;N 为定位;O 为免疫系统过程;P 为生长;Q 为定位建成;R 为发育过程;S 为死亡;T 为细胞过程;U 为细胞成分组织或生物发生;V 为细胞凋零;W 为生物调控;X 为生物黏附。

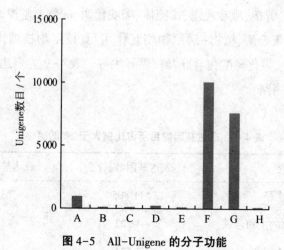

图 4-5　All-Unigene 的分子功能

注:A 为转运活性;B 为受体活性;C 为蛋白质结合转录因子活性;D 为分子传感活性;E 为酶调节剂活性;F 为催化活性;G 为结合基因;H 为抗氧化活性。

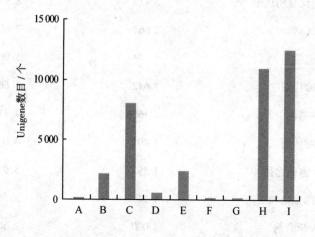

图 4-6　All-Unigene 的细胞组分

注:A 为病毒体;B 为细胞器部分;C 为细胞器;D 为膜附着腔;E 为高分子复合物;F 为胞外区域部分;G 为胞外区;H 为细胞部分;I 为细胞。

KEGG 是基因组破译方面的数据库,可以对蛋白质交互(互动)网络在各种细胞活动中发挥的作用做出预测。在 KEGG 数据库中,有 35 017 个 Unigene 获得通路注释,涉的通路有 125 个。其中,表达基因数目所占比例超过 2% 的共有 18 个,参与代谢途径的 Unigene 最多,为 11 805 个,所占比例为 33.71%。其次分别为次生代谢产物的生物合成、胞吞作用、甘油磷脂代谢、乙醚类脂化合物代谢、RNA 转运、剪接、嘌呤代谢、核糖体、嘧啶代谢、mRNA 监视途径、内质网的蛋白加工、RNA 聚合酶、植物-病原物相互作用、真核生物核糖体生物合成、植物激素信号转导、氧化磷酸化、糖酵解/糖异生等。表 4-9 为表达基因数目所占比例大于 2%的通路。

表 4-9　表达基因数目所占比例大于 2%的通路

通路	表达基因数目/个	表达基因百分率/%
代谢途径	11 805	33.71%
次生代谢产物的生物合成	4 207	12.01%
胞吞作用	3 574	10.21%
甘油磷脂代谢	3 319	9.48%
乙醚类脂化合物代谢	3 119	8.91%
RNA 转运	2 661	7.60%
剪接	1 773	5.06%
嘌呤代谢	1 632	4.66%
核糖体	1 460	4.17%
嘧啶代谢	1 401	4.00%
mRNA 监视途径	1 382	3.95%
内质网的蛋白加工	1 242	3.55%
RNA 聚合酶	1 000	2.86%
植物-病原物相互作用	977	2.79%
真核生物核糖体生物合成	944	2.70%
植物激素信号转导	930	2.66%
氧化磷酸化	875	2.50%
糖酵解/糖异生	846	2.42%

4.3.4 All-Unigene 预测 CDS

以 E 值<$1.0e^{-5}$ 为标准,按照 4.2.3.1 节中提到的 4 种数据库的优先级顺序,通过 blastx 将 All-Unigene 与其进行比对,结果有 53 406 个 Unigene 获得了 CDS。对于剩余的那些与任何数据库都比对不上的序列,则用 ESTScan 软件对其 CDS 再次进行预测,结果又有 14 983 个 Unigene 获得 CDS。经统计,共有 68 389 个 Unigene 获得 CDS,这些序列所编码的氨基酸极有可能是一个完整的 ORF,也可能是全长序列,见表 4-10。

表 4-10 All-Unigene 的 CDS 长度分布图

Unigene CDS 长度/bp	数目/个	百分率/%
200~499	45 473	66.49%
500~999	13 752	20.11%
1 000~1 499	5 324	7.78%
1 500~1 999	2 061	3.01%
2 000~2 499	877	1.28%
2 500~2 999	435	0.64%
≥3 000	467	0.68%

注:万分率小数点后保留两位数,因涉及四舍五入,故总和不等于 100%。

4.3.5 差异表达基因分析

4.3.5.1 差异表达基因的分布特征

采用以测序为基础的差异表达基因检测法对 GH 和 CK 样品的差异表达基因进行严格筛选。将 $FDR \leqslant 0.001$ 且差异表达倍数大于或等于 2 的那部分基因定义为差异表达基因。脱水胁迫对砂藓基因表达变化的影响较大,我们共筛选出有表达量变化的 Unigene 41 763 个,其中 33 559 个表达量上调,8 204 个表达量下调,结果如图 4-7。

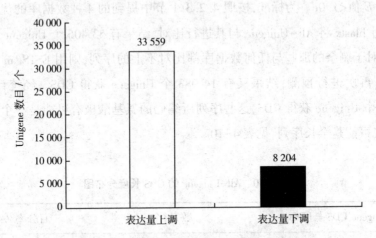

图 4-7　GH 和 CK 样品差异表达基因比较结果

4.3.5.2　差异表达基因功能分析

我们对砂藓的所有差异表达基因进行 GO 功能分析,结果见表 4-11。由表 4-11 可知:参与生物学过程的基因数目有 18 770 个,涉及 23 类功能,显著富集在 29 个 GO 项中;细胞组分中有 13 642 个基因,涉及 8 类功能,显著富集在 13 个 GO 项中;分子功能中的基因数目最少,共有 9 105 个,涉及 8 类功能,显著富集在 9 个 GO 项中。

表 4-11　砂藓差异表达基因显著富集的 GO 项

GO	GO 项	集群频率	校正 P 值
参与的生物学过程	核糖核蛋白复合物	791(12.3%)	$1.30e^{-52}$
	高分子复合物	1 481(23.1%)	$4.89e^{-27}$
	核糖体	355(5.5%)	$6.57e^{-27}$
	核糖体亚基	262(4.1%)	$1.46e^{-22}$

续表

GO	GO 项	集群频率	校正 P 值
	无膜细胞器	544(8.5%)	$4.24e^{-17}$
	细胞内非膜结合细胞器	544(8.5%)	$4.24e^{-17}$
	细胞器腔	372(5.8%)	$1.34e^{-12}$
	细胞核腔	371(5.8%)	$1.79e^{-12}$
	细胞内细胞器腔	371(5.8%)	$1.79e^{-12}$
	膜附着腔	374(5.8%)	$2.50e^{-12}$
	大核糖体亚基	141(2.2%)	$7.82e^{-12}$
	核部分	382(6.0%)	$5.50e^{-11}$
	细胞核	397(6.2%)	$7.44e^{-11}$
	小核糖体亚基	121(1.9%)	$9.49e^{-10}$
	线粒体	178(2.8%)	$1.03e^{-6}$
	蛋白酶体复合体	123(1.9%)	$4.18e^{-6}$
	线粒体内膜	123(1.9%)	$1.22e^{-5}$
	线粒体膜部分	109(1.7%)	$6.45e^{-5}$
	NADH 脱氢酶复合物	70(1.1%)	$7.07e^{-5}$
	线粒体包膜	138(2.2%)	0.000 27
	线粒体部分	138(2.2%)	0.000 27
	线粒体膜	125(1.9%)	0.000 45
	呼吸链	92(1.4%)	0.000 56
	线粒体呼吸链	91(1.4%)	0.000 79
	染色质	59(0.9%)	0.001 61
	外部封装结构	282(4.4%)	0.001 74
	细胞外围	303(4.7%)	0.003 29
	细胞	6 346(98.9%)	0.048 33

续表

GO	GO项	集群频率	校正 P 值
	细胞部分	6 346(98.9%)	0.048 33
细胞组分	对无机物质的响应	403(6.4%)	$3.44e^{-12}$
	对金属离子的响应	372(5.9%)	$1.18e^{-11}$
	有氧呼吸	118(1.9%)	$2.87e^{-5}$
	细胞呼吸	158(2.5%)	0.000 43
	核小体组织	50(0.8%)	0.000 48
	核糖核蛋白复合物的生物起源	125(2.0%)	0.003 52
	氧化还原过程	208(3.3%)	0.007 02
	有机化合物氧化产生能量	166(2.6%)	0.007 45
	基因表达	1 076(17.0%)	0.016 61
	小分子代谢过程	1 112(17.6%)	0.023 12
	前体代谢物和能量	258(4.1%)	0.024 61
	含碱基的小分子代谢	279(4.4%)	0.032 83
	刺激应答	1 268(20.1%)	0.034 62
分子功能	结构分子活性	567(6.5%)	$1.52e^{-35}$
	金属簇结合剂	169(1.9%)	$2.25e^{-5}$
	铁硫簇结合转移酶活力	128(1.5%)	$7.78e^{-5}$
	转移酶活力/转移酰基/酰基转化为氨基	55(0.6%)	0.000 29
	转移氧化还原酶活力	945(10.9%)	0.000 37
	RNA 结合	301(3.5%)	0.009 03
	作用于供体 CH—OH 基团的氧化还原酶活力	189(2.2%)	0.031 23
	鸟苷酸结合	281(3.2%)	0.034 38
	鸟苷核糖核苷酸结合	278(3.2%)	0.046 43

4.3.5.3 差异表达基因通路分析

我们对砂藓的所有差异表达基因进行通路分析,应用超几何分布检验,以 Q 值≤0.05 为标准,找到显著性富集的通路,确定砂藓差异表达基因所参与的最主要生化代谢途径和信号转导途径。结果显示,有 19 635 个差异表达基因获得通路注释,涉及的通路有 123 个,较为丰富。其中,显著富集的通路有 39 个,详见表 4-12。

表 4-12 砂藓差异表达基因显著富集的通路

通路	获得通路注释的差异表达基因数目/个	Q 值
核糖体	1 063	$1.95e^{-39}$
代谢途径	7 146	$9.52e^{-32}$
RNA 聚合酶	716	$3.31e^{-23}$
三羧酸(TCA)循环	450	$1.13e^{-22}$
嘌呤代谢	1 088	$6.10e^{-18}$
胞吞作用	2 242	$1.97e^{-16}$
嘧啶代谢	937	$4.06e^{-16}$
乙醚脂质代谢	1 965	$1.79e^{-15}$
RNA 传输	1 675	$5.86e^{-13}$
天冬氨酸丙氨酸和谷氨酸代谢	380	$7.38e^{-13}$
氧化磷酸化	593	$5.77e^{-12}$
甘油磷脂代谢	2 050	$1.71e^{-11}$
糖酵解糖异生作用	567	$2.85e^{-10}$
次生代谢物的生物合成	2 549	$1.31e^{-9}$

续表

通路	获得通路注释的 差异表达基因数目/个	Q 值
乙醛酸和二羧酸代谢	222	$8.98e^{-8}$
不饱和脂肪的生物合成	229	$6.77e^{-6}$
吞噬	292	$2.45e^{-5}$
精氨酸和脯氨酸代谢	299	$2.73e^{-5}$
戊糖磷酸途径	284	$3.94e^{-5}$
丙酸盐代谢	252	$5.21e^{-5}$
半胱氨酸和蛋氨酸代谢	302	$7.10e^{-5}$
果糖和甘露糖代谢	267	$2.20e^{-4}$
脂肪酸代谢	225	$3.47e^{-4}$
缬氨酸、亮氨酸和异亮氨酸降解	242	$5.87e^{-4}$
丙酮酸代谢	372	$6.88e^{-4}$
氮代谢	211	$6.88e^{-4}$
真核生物中的核糖体生物合成	583	$8.66e^{-4}$
缬氨酸、亮氨酸和异亮氨酸的生物合成	193	$1.26e^{-3}$
托烷、哌啶和吡啶类生物碱的生物合成	73	$1.49e^{-3}$
赖氨酸降解	141	$1.99e^{-3}$
硒代谢	105	$3.87e^{-3}$
半乳糖代谢	267	$3.88e^{-3}$
脂肪酸生物合成	162	$4.02e^{-3}$
酪氨酸代谢	161	$6.02e^{-3}$
内质网中的蛋白质加工	747	$6.05e^{-3}$

续表

通路	获得通路注释的 差异表达基因数目/个	Q 值
甘氨酸、丝氨酸和苏氨酸代谢	204	$1.57e^{-2}$
剪接体	1 047	$1.66e^{-2}$
过氧化物酶	313	$1.72e^{-2}$
β-丙氨酸代谢	152	$1.74e^{-2}$

4.3.5.4 qRT-PCR 验证

为了验证测序结果的准确性,我们随机选取 20 个差异倍数较高的基因进行 qRT-PCR,验证结果如图 4-8 所示。qRT-PCR 验证结果和测序结果的表达模式相似,但二者的差异倍数存在一定的差异,这可能是因为测序技术比 qRT-PCR 的灵敏度更高。qRT-PCR 验证结果说明测序结果比较可靠。

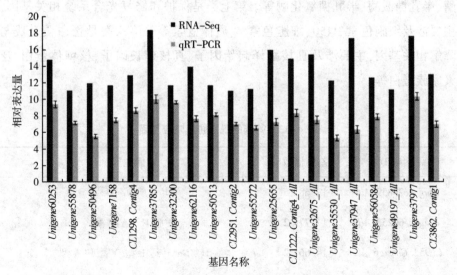

图 4-8   RNA-Seq 测序结果的 qRT-PCR 可靠性验证结果

4.3.5.5　脱水耐性基因的筛选

遭受逆境胁迫时,植物会有大量基因被激活进行表达,以抵抗外界环境的刺激,使植物产生一定的抗性。结合转录组分析结果及相关参考文献,本章对砂藓中可能与脱水胁迫响应通路相关的部分基因进行了简单统计,共归纳出 8 类,每类选取部分基因为代表,见表 4-13。第一类是离子转运和重建离子平衡相关基因,主要涉及 H^+-腺苷三磷酸(ATP)酶、叶绿体 ATP 合酶、Na^+/H^+ 转运蛋白、Ca^{2+}/H^+ 转运蛋白等。第二类是渗透保护物质生物合成相关基因,主要涉及甜菜碱醛脱氢酶、海藻糖-6-磷酸合成酶、脯氨酸转运蛋白等。第三类是植物细胞信号转导相关基因,主要涉及 9-顺式环氧类胡萝卜素双加氧酶、醛氧化酶、磷脂酰肌醇、磷脂酶、蛋白磷酸酶、脂氧合酶、12-氧-植物二烯酸还原酶、生长素诱导蛋白、乙烯受体、赤霉素 2-β-双加氧酶、小 G 蛋白、蛋白质磷酸化/去磷酸化等。第四类是活性氧清除及抗胁迫相关基因,主要涉及谷胱甘肽硫转移酶、过氧化物酶、脱氢抗坏血酸还原酶、抗坏血酸过氧化物酶、硫氧还蛋白还原酶、LEA 蛋白、水通道蛋白、热激蛋白等。第五类是转录因子,主要涉及 ARF、bHLH、C_2H_2、DREB、SBP、TCP、MYB、bZIP、NAC、WRKY、MADS 等。第六类是糖代谢相关基因,主要涉及几丁质酶、蔗糖合成酶、磷酸己糖激酶、半乳糖激酶、半乳糖氧化酶等。第七类是保护和修复光合系统相关基因,主要涉及细胞色素 P450、细胞色素 c、质体蓝素等。第八类是蛋白质合成与降解相关基因,主要涉及真核翻译起始因子、真核延长因子、核糖体蛋白、泛素家族蛋白等。

表 4-13　筛选的脱水胁迫响应基因

基因 ID	差异倍数	功能注释
Unigene23859_All	17.682 5	ATP 合酶 F_0 亚基 c
Unigene60253_All	14.775 2	质膜 H^+-ATP 酶
CL952.Contig6_All	14.661 2	H^+/Na^+ 转运 F 型、V 型和 A 型
CL5157.Contig1_All	12.828 6	Na^+/Pi 转运体

续表

基因 ID	差异倍数	功能注释
*Unigene*32358_*All*	11.970 4	Na^+/K^+ P 型 ATP 酶
*Unigene*29365_*All*	11.843 6	Ca^{2+}依赖型膜结合蛋白附件
*Unigene*26863_*All*	11.779 3	Ca^{2+}结合膜蛋白
*CL*2768.*Contig*1_*All*	12.870 7	V 型质子 ATP 酶亚基 d2
*CL*2667.*Contig*1_*All*	12.348 9	液泡 H^+-ATP 酶 V1 区,亚基 A
*Unigene*23384_*All*	11.756 0	蔗糖/H^+同向转运体
*Unigene*62173_*All*	11.646 5	K^+通道蛋白
*Unigene*50753_*All*	11.532 9	Ca^{2+}/H^+反向转运体,阳离子反向转运体,膜蛋白
*Unigene*55878_*All*	11.110 2	蔗糖转运蛋白 4
*CL*4621.*Contig*2_*All*	14.222 0	甜菜碱乙醛脱氢酶
*Unigene*50496_*All*	11.938 0	胆碱单加氧酶
*CL*7158.*Contig*1_*All*	11.712 7	海藻糖-6-磷酸合成酶/磷酸酶
*CL*7090.*Contig*1_*All*	12.526 9	类 gmh3 α-1,2-半乳糖基转移酶
*CL*3219.*Contig*1_*All*	13.135 2	蛋白磷酸酶 1
*Unigene*31355_*All*	15.143 2	I 型肌醇-1,4,5-三磷酸-5-磷酸酶 12
*Unigene*58183_*All*	14.507 3	可溶性无机焦磷酸酶 1,类叶绿体
*CL*1298.*Contig*4_*All*	12.929 6	9-顺式双加氧酶
*Unigene*37855_*All*	18.385 8	富含脯氨酸的类受体蛋白激酶 PERK2
*CL*235.*Contig*4_*All*	16.977 5	促分裂原活化的蛋白激酶受体 C
*Unigene*22915_*All*	15.892 8	磷酸烯醇丙酮酸羧化激酶,剪接变体
*Unigene*31338_*All*	15.601 0	富含亮氨酸的重复酪氨酸激酶
*Unigene*24241_*All*	15.281 1	鞭毛相关蛋白,核苷二磷酸类激酶蛋白

续表

基因 ID	差异倍数	功能注释
CL4792. Contig2_All	14.680 7	腺苷酸激酶
CL619. Contig1_All	14.377 9	促分裂原活化的蛋白激酶 1
CL5344. Contig2_All	14.279 3	N-乙酰谷氨酸激酶
Unigene42512_All	14.129 7	腺苷 5′-硫酸磷酸激酶
Unigene60643_All	13.328 8	类受体蛋白激酶
CL2553. Contig3_All	13.282 0	丙酮酸激酶
Unigene55043_All	13.167 8	鸟苷酸类激酶蛋白
Unigene32300_All	11.713 8	cAMP-依赖型蛋白激酶催化亚单位
Unigene25763_All	12.830 4	线粒体蛋白转位酶(MPT)家族
Unigene64321_All	12.629 1	cAMP-依赖型蛋白激酶调节亚基
CL6520. Contig1_All	12.592 4	胞质果糖-1,6-二磷酸酶
Unigene31936_All	12.429 3	双特异性类磷酸酶蛋白
Unigene61907_All	11.882 0	磷脂酰肌醇-3,4,5-三磷酸-3-磷酸酶和双特异性蛋白磷酸酶 PTEN
Unigene30178_All	10.924 9	肌醇多磷酸 1-磷酸酶
Unigene62887_All	12.525 2	磷脂酶 C/磷酸二酯水解酶
Unigene35585_All	12.286 1	类钙非依赖性磷脂酶 A2-γ,C 端部分
Unigene43157_All	13.653 7	赤霉素受体 GID1L2
Unigene62116_All	13.935 7	赤霉素类 20-氧化酶蛋白
Unigene55364_All	10.782 6	赤霉素 2-β-双加氧酶
Unigene58090_All	14.618 2	CPRD8 蛋白
Unigene26941_All	11.151 0	脂氧合酶 LOX1

续表

基因 ID	差异倍数	功能注释
*Unigene*19055_*All*	13.430 3	假定的 12-氧-植物二烯酸还原酶
*Unigene*58144_*All*	14.169 0	氨基酸/生长素渗透酶家族
*Unigene*64029_*All*	12.564 1	γ-醇溶蛋白
*Unigene*50513_*All*	11.716 7	生长素诱导的类 PCNT115 亚型 2
*Unigene*48795_*All*	11.193 6	生长素外排载体家族蛋白
*Unigene*6762_*All*	12.053 3	类生长素响应因子 21
*Unigene*4507_*All*	12.393 3	脱落酸 8′-羟化酶 3
*Unigene*42739_*All*	14.260 1	肌醇加氧酶
*Unigene*42629_*All*	13.819 0	肌醇转运蛋白
*Unigene*28167_*All*	13.609 1	玉米黄质环氧化酶
*Unigene*62625_*All*	12.596 5	脱落酸 8′-羟化酶 3
*Unigene*45423_*All*	12.259 6	玉米黄质环氧化酶
*Unigene*32737_*All*	12.236 9	磷脂酰肌醇合成酶
*CL*6515.*Contig*1_*All*	12.141 9	肌醇-3-磷酸合成酶
*Unigene*21836_*All*	10.373 3	肌醇磷酸激酶
*Unigene*55272_*All*	11.259 9	细胞分裂素氧化酶
*Unigene*27428_*All*	10.921 6	细胞分裂素受体类 AtCKI2 蛋白
*CL*1222.*Contig*4_*All*	14.868 6	超氧化物歧化酶[Cu-Zn]
*Unigene*60366_*All*	14.524 8	叶绿体 Cu/Zn 超氧化物歧化酶
*Unigene*42508_*All*	13.909 2	Fe 超氧化物歧化酶

续表

基因 ID	差异倍数	功能注释
CL407.Contig1_All	12.409 0	线粒体 Mn 超氧化物歧化酶
CL2474.Contig5_All	16.930 1	过氧化物酶类 18
Unigene24546_All	14.852 0	谷胱甘肽过氧化物酶
Unigene33605_All	12.740 4	硫氧还蛋白过氧化物酶
Unigene63048_All	12.662 1	L-抗坏血酸过氧化物酶
Unigene31292_All	15.768 1	1-Cys 过氧化物氧还蛋白
Unigene55723_All	11.485 0	过氧化物氧还蛋白 Q,硫氧还蛋白依赖性过氧化物酶
Unigene34059_All	11.409 9	血红素过氧化物酶相关蛋白
Unigene6167_All	12.847 1	类过氧化物酶蛋白
Unigene63936_All	12.527 3	单脱氢抗坏血酸还原酶
Unigene63042_All	12.396 1	亚硝酸盐还原酶(NADPH)大亚基
CL5057.Contig1_All	13.281 8	主要内源性蛋白家族
Unigene32675_All	15.420 7	水通道蛋白 NIP
CL864.Contig2_All	12.408 3	水通道蛋白
Unigene35530_All	12.239 0	胚胎发育晚期丰富蛋白
Unigene37947_All	17.373 3	热激蛋白 70-2
Unigene25441_All	15.725 4	热激蛋白 90
CL2122.Contig2_All	14.698 6	17.6 kDa Ⅰ类热激蛋白
CL160.Contig2_All	14.229 5	热激蛋白 83
CL4182.Contig2_All	13.732 3	热激蛋白 91

续表

基因 ID	差异倍数	功能注释
Unigene23121_All	13.501 0	热激蛋白 83
Unigene32247_All	12.055 3	热激蛋白 40 类蛋白
Unigene39951_All	11.662 3	热激蛋白 75 kDa,线粒体前体
CL160.Contig4_All	11.500 9	胞质热激蛋白 90.1
Unigene54413_All	11.137 7	热激蛋白 101
Unigene31343_All	15.122 1	新生多肽相关复合物 α 类亚基蛋白
Unigene58164_All	14.438 5	转录因子 MYC2
Unigene60584_All	12.615 3	bZIP 转录因子家族蛋白
Unigene55809_All	12.013 4	3R-1 类 MYB 相关蛋白
Unigene45264_All	12.248 6	MYB 结构域蛋白 120
Unigene23597_All	15.433 2	ARF 家族 GTP 酶
Unigene10924_All	4.294 2	WRKY 转录因子 6
CL2728.Contig2_All	−9.101 5	截断的 bHLH
CL1969.Contig4_All	14.884 4	转录因子 BTF3
Unigene29410_All	11.822 9	含 NAC 结构域的类 74 蛋白
Unigene33532_All	12.626 7	促分裂原活化的蛋白激酶
Unigene24705_All	12.036 9	C_2H_2 和 C_2HC 锌指蛋白
Unigene24520_All	11.975 0	锌指、C_3HC_4 型家族蛋白
CL3550.Contig1_All	12.475 6	TCP 域类转录因子
Unigene57975_All	13.520 3	类内源性几丁质酶

续表

基因 ID	差异倍数	功能注释
Unigene33321_All	12.431 8	几丁质酶 A
Unigene62729_All	12.255 4	己糖激酶 4,类叶绿体
Unigene58184_All	13.982 1	半乳糖氧化酶
CL2090.Contig1_All	13.717 5	UDP-D-葡萄糖/UDP-D-半乳糖 4-异构酶 5
Unigene24255_All	13.005 6	核苷酸糖转运蛋白家族蛋白
Unigene62639_All	12.542 2	半乳糖-1-磷酸尿苷酰转移酶
Unigene62640_All	12.286 0	半乳糖激酶
Unigene50816_All	11.543 6	类半乳糖氧化酶
Unigene32704_All	12.138 4	UDP 半乳糖转运蛋白
Unigene42094_All	11.012 7	类半乳糖氧化酶
Unigene40834_All	10.920 1	UDP 类半乳糖 4-异构酶蛋白
Unigene25655_All	15.948 9	胞质甘油醛-3-磷酸脱氢酶
CL5944.Contig1_All	17.484 2	类 TBP 细胞色素 P450
CL2531.Contig1_All	13.290 1	细胞色素 P450 还原酶
CL5475.Contig1_All	13.118 3	NADPH 高铁血红蛋白还原酶
CI4874.Contig1_All	13.086 6	类 710A1 细胞色素 P450
CL133.Contig3_All	12.132 7	类黄酮蛋白
Unigene50645_All	12.027 0	NADPH 细胞色素 P450 氧化还原酶
Unigene28488_All	11.858 4	CYP716A1
Unigene49197_All	11.214 1	细胞色素 P450

续表

基因 ID	差异倍数	功能注释
CL6136.Contig4_All	18.945 8	细胞色素 c
Unigene31251_All	15.397 7	泛素细胞色素 c 还原酶铁硫亚基
Unigene23064_All	13.225 5	细胞色素 c 氧化酶亚单位 1
CL6331.Contig2_All	15.194 7	捕光叶绿素 a/b 结合蛋白 2
Unigene37998_All	17.072 4	真核翻译起始因子 5A
Unigene38006_All	18.695 9	真核延长因子-1α
Unigene22977_All	17.839 9	多聚泛素蛋白
Unigene37977_All	17.615 3	泛素延伸蛋白
CL7692.Contig1_All	17.206 9	泛素融合蛋白
Unigene25061_All	15.328 7	泛素结合酶
CL2380.Contig1_All	13.374 0	类 UPL1 E3 泛素蛋白连接酶
Unigene60582_All	12.916 7	小泛素相关修饰物
CL444.Contig1_All	12.797 7	泛素蛋白连接酶 PUB59
Unigene25432_All	12.500 9	泛素激活酶 E1
Unigene26046_All	12.485 8	泛素受体 ADRM1
Unigene30780_All	12.432 9	类泛素蛋白结构 Rub1
CL2380.Contig3_All	12.419 0	泛素连接酶类型 E3
Unigene24977_All	12.401 0	泛素延伸蛋白
Unigene43306_All	12.058 8	泛素羧基末端水解酶 6
Unigene29368_All	11.941 2	泛素特异性蛋白酶 14
Unigene30922_All	11.865 1	可能的类泛素蛋白
CL3862.Contig1_All	13.012 6	类萌发素蛋白
CL2951.Contig2_All	11.045 4	rop 家族小 GTP 酶

4.4　脱水耐性相关基因的克隆及分析

4.4.1　*RcbZIP* 基因的克隆

4.4.1.1　*RcbZIP* 基因的获得及生物信息学分析

　　根据砂藓 *RcbZIP* 基因序列设计引物,经 qRT-PCR 扩增得到 1 条长约 1 477 bp 的 DNA 片段,如图 4-9(a)所示。扩增得到的片段与 pMD18-T Simple 载体连接并转化大肠杆菌,挑取单克隆阳性菌落进行 *Sal* Ⅰ和 *Eco*R Ⅰ双酶切鉴定,经检测含有预期分子量大小的 DNA 片段,如图 4-9(b)所示。经测序验证,所得序列与预期片段大小一致,包含 1 个 1 422 bp 的 ORF,编码 473 个氨基酸,起始密码子为 ATG,终止密码子为 TGA。

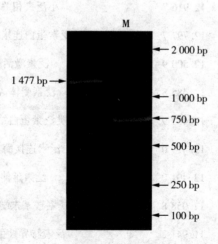

(a) *RcbZIP* 基因 PCR 片段扩增结果

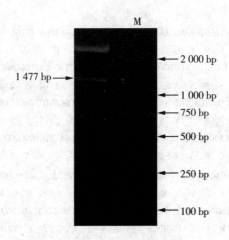

(b)重组质粒的酶切鉴定结果

图 4-9　*RcbZIP* 基因 PCR 片段扩增结果及重组质粒的酶切鉴定结果

注:M 为 DL 2000 DNA Marker。

用 ProtParam 在线工具分析 *RcbZIP* 基因的理化性质,推测 RcbZIP 蛋白分子量为 5.114 kDa,等电点(pI)为 6.97,不稳定系数为 59.71,属不稳定型蛋白(不稳定系数小于 40 则蛋白稳定)。亲/疏水性分析结果表明,RcbZIP 蛋白属于亲水性蛋白。用 SignalP 4.1 和 Tmpred 在线工具预测该蛋白无信号肽且不属于跨膜蛋白。用 PSORT Prediction 在线工具预测 RcbZIP 蛋白定位于细胞核中。用 NCBI 数据库中的 Conserved Domains 对 RcbZIP 蛋白的氨基酸进行保守结构域分析,结果显示,RcbZIP 蛋白含有典型的 bZIP 结构域,属于 bZIP-1 亚族,如图 4-10 所示。该结域包含亮氨酸拉链区和由 20 个氨基酸组成的碱性结构域。亮氨酸拉链区与碱性结构域紧密相连,从 N 端的第 289 位到第 350 位,每隔 6 个氨基酸就有 1 个亮氨酸重复序列,且在其 C 端还有 1 个谷氨酰胺富集区,谷氨酰胺残基占 29.8%(25/84),如图 4-11 所示。

图 4-10　RcbZIP 蛋白功能域预测

```
1     TAAGACGTGATGGAGGGACTAGGTGAAGGATACGAGGCGTTTGTGGAGCGGCTGCAGTCTGCAGCTAGTACCGCGGCGAAGAGCTCC
1        M  E  G  L  G  E  G  Y  E  A  F  V  E  R  L  Q  S  A  A  S  T  A  A  K  S  S

88    GGGAATGCGACTTCTGGGAGCAATGCTGCTCGGCGCATCCCCCACATCCTACACAATCGCAGCTGCACCAGTCGCGCTACGTTGGG
27       G  N  A  T  S  G  S  N  A  A  A  H  P  P  H  P  T  Q  S  Q  L  H  Q  S  R  Y  V  G

175   TATCCATCCACTTCGCACCCGTTCACTGTCAAGAGGGAGACGTCGCCGGCGCTGTCTGAGAGTTCAATGAGGTCCAGGGAGTCGTAT
56       Y  P  S  T  S  H  P  F  T  V  K  R  E  T  S  P  A  L  S  E  S  S  M  R  S  R  E  S  Y

262   GGATTAGAGGTGTCGATGCAGGAGGCGGTGACGTCGCCAGCTCCACCGGGGATTTCAGGCGCGGGGCAACCCCCGCGGGCACCCAGT
85       G  L  E  V  S  M  Q  E  A  V  T  S  P  A  P  P  G  I  S  G  A  G  Q  P  P  R  A  P  S

349   CCGGGGCATAATTACAGCACAGATGTGAATCAGATGCCGGATTCTCCTCCACGACGGAGGGGTCATCGCCGTGCGCAATCTGAGACT
114      P  G  H  N  Y  S  T  D  V  N  Q  M  P  D  S  P  P  R  R  R  G  H  R  R  A  Q  S  E  T

436   GCGTTCCGCCTGCCGGACGAGGCTTCTTTTGAGCGTGAGATGAATGTGCAAGGCTCTGAGGTCCCGGGGCTGTCTGATGACGCCGCG
143      A  F  R  L  P  D  E  A  S  F  E  R  E  M  N  V  Q  G  S  E  V  P  G  L  S  D  D  A  A

523   GAGGATCTTTTCTCCATGTACATTGACATGGAGCAGATCAACAACTTCAGTGGGACTTCTGGGCAGGCGGGTGCGAAATCAGCTGGC
172      E  D  L  F  S  M  Y  I  D  M  E  Q  I  N  N  F  S  G  T  S  G  Q  A  G  A  K  S  A  G

610   GAAGGGAGCAATGCGCCTCCTCCGACTTCACATCACTCTAGGAGTTTGTCTGTGGATGCGCTTGCAGGTTTTAATAGTAACAGACCT
201      E  G  S  N  A  L  P  P  T  S  H  H  S  R  S  L  S  V  D  A  L  A  G  F  N  S  N  R  P

697   GGGCTGGGCGGCAACTATTCTGCTGATGCTCCCCGTCGCCCCCGACATCAGCACAGTAGCTCAATGGATGGCTCTACTTCTTTCAAG
230      G  L  G  G  N  Y  S  A  D  A  P  R  R  P  R  H  Q  H  S  S  S  M  D  G  S  T  S  F  K

784   CATGACATGTTAATCAGTGACTTTGAGGGTTCGGAGAGTAAGAAGGCTATGGCTTCAGCGAAGTTGTCAGAGATTGCCCTAATTGAC
259      H  D  M  L  I  S  D  F  E  G  S  E  S  K  K  A  M  A  S  A  K  L  S  E  I  A  L  I  D

871   CCGAAGCGTGCCAAAAGGATTTTGGCGAACCGGCAGTCAGCGGCACGTTCCAAAGAGCGAAAGATGCGGTACATTTCGGAACTGGAA
288      P  K  R  A  K  R  I  L  A  N  R  Q  S  A  A  R  S  K  E  R  K  M  R  Y  I  S  E  L  E

958   CGGCAGAACCTGCAGACAGAAGCTACGACTCTCTCTGCGCAACTCACACTGTTGCAGAAGATACAACGGGTTTAACTACA
317      R  K  V  Q  N  L  Q  T  E  A  T  T  L  S  A  Q  L  T  L  L  Q  K  D  T  T  G  L  T  T

1045  GAGAACAGTGAGCTGAAACTTCGATTCAGTCCATGGAGCAGCAAGCGCAGCTACGGGATGCTTTGCACGAAGCATTACGAGATGAG
346      E  N  S  E  L  K  L  R  L  Q  S  M  E  Q  Q  A  Q  L  R  D  A  L  H  E  A  L  R  D  E

1132  GTTCAGCGTCTGAAACTTGCAACTGGACAGCTCAGCAGTGGTTCTGGCCAGAACCTGAGCCTTGGCGGGCACGTGTGTTCCAGATG
375      V  Q  R  L  K  L  A  T  G  Q  L  S  S  G  S  G  Q  N  L  S  L  G  G  H  V  F  Q  M

1219  CAGAATCAGTCGTTGAATGCGCAACAGATACAGCAGCTCCAACAGCACAAACAGCACTCAATAATCAGCAACAGCAACAGCAGCAG
404      Q  N  Q  S  L  N  A  Q  Q  I  Q  Q  L  Q  Q  A  Q  T  A  L  N  N  Q  Q  Q  Q  Q  Q

1306  TCATCGCAGCAGCAGATGCATTCTGACTATATGCAGCGCAGTGGATATGGTCTTTCATCTGGTTTTATGAAAGCAGAAGGATCATCT
433      S  S  Q  Q  Q  M  H  S  D  Y  M  Q  R  S  G  Y  G  L  S  S  G  F  M  K  A  E  G  S  S

1393  ATTGCAATTAATCACGGGAGTAGCGCTTCATTTGGTTGAGTTGTGCTGTGATAGCAGCACGTGACCGTCGTTAGCACATCTGTC
462      I  A  I  N  H  G  S  S  A  S  F  G  *
```

图 4-11　RcbZIP 基因核苷酸序列和推导的氨基酸序列

注:单下划线部分为 bZIP 结构域;阴影部分为碱性结构域;黑框部分为亮氨酸重复序列;双下划线部分为谷氨酰胺富集区。

用 SOPMA 在线工具预测 RcbZIP 蛋白的二级结构,结果如图 4-12 所示: RcbZIP 蛋白含有 120 个 α 螺旋,占 34.29%;含有 79 个延伸链,占 22.57%;含有 34 个 β 折叠,占 9.71%;含有 117 个无规则卷曲,占 33.43%。

```
              10        20        30        40        50        60        70
               |         |         |         |         |         |         |
MEGLGEGYEAFVERLQSAASTAAKSSGNATSGSNAAAAHPPHPTQSQLHQSRYVGYPSTSHPFTVKRETS
hhtchhhhhhhhhhhhhhhhhhhccccccccccccccccccccccchhceeecccccccceeecccccc
PALSESSMRSRESYGLEVSMQEAVTSPAPPGISGAGQPPRAPSPGHNYSTDVNQMPDSPPRRRGHRRAQS
ccccccccchhhhhhhhcccccccccccccccccccccccccccccchhccccccccccccccccccc
ETAFRLPDEASFEREMNVQGSEVPGLSDDAAEDLFSMYIDMEQINNFSGTSGQAGAKSAGEGSNALPPTS
hheehcchhhhhhccccccccccccccccchhhhhhhhhhhccchhcchhcccccccccccccccccc
HHSRSLSVDALAGFNSNRPGLGGNYSADAPRRPRHQHSSSMDGSTSFKHDMLISDFEGSESKKAMASAKL
cccceechhhhhhccccccccccccccccccccccccchhhhhhccchhhhhhhhhhhh
SEIALIDPKRAKRILANRQSAARSKERKMRYISELERKVQNLQTEATTLSAQLTLLQKDTTGLTTENSEL
```

图 4-12　RcbZIP 蛋白二级结构预测结果

注:h 代表 α 螺旋;e 代表延伸链;t 代表 β 折叠;c 代表无规则卷曲;大写字母代表氨基酸序列。

用 NCBI 数据库中的 blastp 在线工具对砂藓的 RcbZIP 氨基酸序列进行比对,结果显示其与拟南芥(NP_172097.1、AAM62924.1、NP_180695.1、NP_001031457.1)、葡萄(XP_002270784.1)、鹰嘴豆(*Cicer arietinum*,XP_004486898.1)、蒺藜苜蓿(XP_003597529.1)、大豆(XP_003546876.1、XP_003543567.1)、黄瓜(XP_004147651.1)和番茄(XP_004240987.1、XP_006350712.1)的一致性为 50%~57%。用 DNAMAN 软件对这些物种进行多序列比对分析,结果显示,RcbZIP 与其他物种的 bZIP 氨基酸全序列在非保守域上存在较大变化,而在 bZIP 结构域上的保守性较高,此现象符合转录因子的特征。这些物种在 bZIP 结构域上的高保守性说明它们可能有共同的起源。

为进一步研究植物 bZIP 蛋白的进化关系,用 MEGA 5.0 软件对不同植物的 bZIP 蛋白构建系统进化树,如图 4-13 所示。由进化树可知,以上物种的 bZIP 蛋白被聚为两大类,砂藓 RcbZIP 蛋白单独聚为一类,其余物种的 bZIP

蛋白聚为一类,推测 bZIP 蛋白在不同物种中是由不同的分子进化途径产生的。

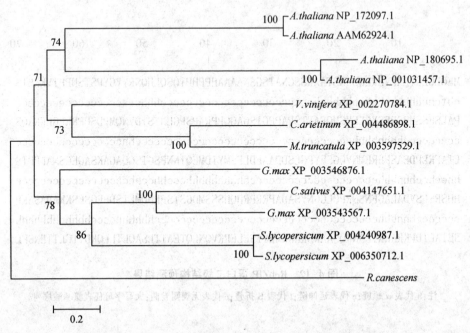

图 4-13 RcbZIP 蛋白与其他植物 bZIP 蛋白的系统进化树

4.4.1.2 *RcbZIP* 基因的荧光定量表达分析

为明确 *RcbZIP* 基因对脱水及复水的响应模式,采用 qRT-PCR 对该基因在不同处理时间下的表达情况进行分析。结果表明:在快速脱水处理过程中,随着胁迫时间的延长,*RcbZIP* 基因的表达量呈升高趋势,于 30 min 时达到最高,约为对照的 2 倍,如图 4-14(a)所示;在复水过程中,*RcbZIP* 基因的表达量始终高于对照,相较于快速脱水处理的表达量,总体呈下降趋势,如图 4-14(b)所示。

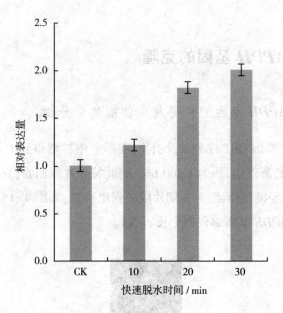

（a）快速脱水模式下 *RcbZIP* 基因的表达情况

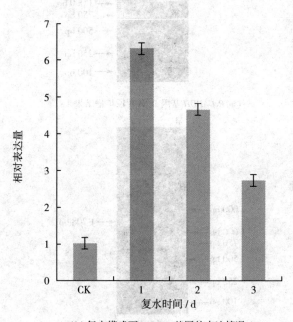

（b）复水模式下 *RcbZIP* 基因的表达情况

图 4-14   快速脱水模式和复水模式下 *RcbZIP* 基因的 qRT-PCR 结果

4.4.2 *RcGAPDH* 基因的克隆

4.4.2.1 *RcGAPDH* 基因的获得及生物信息学分析

根据 *GAPDH* 基因 ORF 序列设计引物,在砂藓中扩增得到 1 条与预期片段大小基本一致的特异产物,约为 1 200 bp。将此特异片段回收,克隆到 pMD18-T Simple 载体上,经测序验证,与预期片段序列也一致,如图 4-15 所示,说明克隆所得序列为 *GAPDH* 基因编码框全长 cDNA。

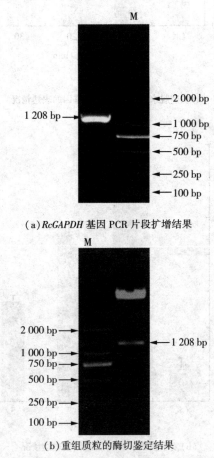

(a)*RcGAPDH* 基因 PCR 片段扩增结果

(b)重组质粒的酶切鉴定结果

图 4-15 *RcGAPDH* 基因 PCR 片段扩增结果及重组质粒的酶切鉴定结果

注:M 为 DL 2000 DNA Marker。

RcGAPDH 基因 cDNA 全长为 1 208 bp,包含 1 个 1 053 bp 的 ORF,编码 350 个氨基酸残基,如图 4-16 所示。预测的蛋白分子量为 38.66 kDa,理论等电点为 6.02,不稳定系数为 23.97,属于稳定蛋白,有 46 个氨基酸残基(Asp+Glu)带正电荷,有 46 个氨基酸残基(Arg+Lys)带负电荷;用 SignalP 4.1 和 Tmpred 在线工具检测 *RcGAPDH* 基因编码的蛋白不含信号肽序列且无跨膜区,为非分泌型蛋白;用 Protscale 在线工具预测该蛋白为亲水性蛋白;用 PSORT Prediction 在线工具预测亚细胞定位于质膜。用 NCBI 数据库中的 Conserved Domains 分析表明,RcGAPDH 蛋白有 2 个保守结构域,如图 4-17 所示:一个为 Gp_dh_N,该序列是典型的 NAD+结合域;另一个为 Gp_dh_C,其 C 端是 α 螺旋和反平行 β 折叠的混合结构,是糖运输和糖代谢的催化功能区。

```
1    TGCTTCGGTGAGCCCTGGTGGAGGAAGAAAGTTGGCCAGCCAGAAGCAAGGTGGTGAGGATTCTCTTCAGCTTCGACA
79   GCTTTCGGTGCCGGTGTAGTGTTCATGGGTCGAGGGGCTTCTGCGAAGCTAGTACCTGAGAAAATCAGGATTGGCATC
1                              M  G  R  G  A  S  A  K  L  V  P  E  K  I  R  I  G  I
157  AATGGATTCGGCCGGTTCGGCCGACTTGTGGCACGAGTTGCACTTGAGAGGGATGACATCGAACTCGTTGCTGTGAAC
19    N  G  F  G  R  F  G  R  L  V  A  R  V  A  L  E  R  D  D  I  E  L  V  A  V  N
235  GATCCCTTCATCAGCACTGACTACATGGCATACATGTTCAAGTATGACACAGTGCATGGACGCATGACGAAGACTGAC
45    D  P  F  I  S  T  D  Y  M  A  Y  M  F  K  Y  D  T  V  H  G  R  M  T  K  T  D
313  ATCTACGCCAAGATGAGCAGACGCTCTGCTTCGATGGGAAGAAGGTGACCGTCCTGGGATACAAGGAGCTCTCCGAG
71    I  Y  A  E  D  E  Q  T  L  C  F  D  G  K  K  V  T  V  L  G  Y  K  E  L  S  E
391  ATTCCATGGAGCGAGCATGGCGTTGACTACGTGGTGGAGTGCACTGGGAACTACACCACGAAAGACCGAGCAGGTGAA
97    I  P  W  S  E  H  G  V  D  Y  V  V  E  C  T  G  N  Y  T  T  K  D  R  A  G  E
469  CATCTCAAGGGCGGTGCGAAGAAGGTCATCATCACCGGGTTCAGCAAGGACGCGCCCATGTTCGTGATGGGCGTTAAC
123   H  L  K  G  G  A  K  K  V  I  I  T  G  F  S  K  D  A  P  M  F  V  M  G  V  N
547  GAGCGTGAGTACCGACGTGAGTATAACGTGGTGGCCATGGCCAGCTGCACCACCAACTGCTTGACACCCCTGGTGAAG
149   E  R  E  Y  R  R  E  Y  N  V  V  A  M  A  S  C  T  T  N  C  L  T  P  L  V  K
625  GTTCTTCACGACAGATTTGGAGTGCTAGAGGGGGTGATGACAACCGTGCACTCTCTAACAGCACGCAGAAGTTCGTT
175   V  L  H  D  R  F  G  V  L  E  G  V  M  T  T  V  H  S  L  T  A  T  Q  K  F  V
703  GATGGGCCTTCGTTGAAGGACTGGCGAGGTGGGTGCGCCAACATCATAGCGAGCTCTACGAGCGCTACGAAGGCGATT
201   D  G  P  S  L  K  D  W  R  G  G  C  A  N  I  I  A  S  S  T  S  A  T  K  A  I
781  GGTCGGTTGATTCCATGCATGGACGGAAAGATTCGAGGCATGGCGTTCAGAGTCCCAACTGCAGATGCGTCGCTTATT
227   G  R  L  I  P  C  M  D  G  K  I  R  G  M  A  F  R  V  P  T  A  D  A  S  L  I
859  GATTTGGTGGTCAAGCTGGACCAGCACGTCTCTTATGAGCGTGTTTGTGAAGCGATCAAGGAAGAGGCAGAGGGACAG
253   D  L  V  V  K  L  D  Q  H  V  S  Y  E  R  V  C  E  A  I  K  E  E  A  E  G  Q
937  TTGAAGGGAATCTTAGGTTACACGGACGAGGATGCTGCTTCAAACGACTTCATCGGTGACAGCAGATCAAGTATACTC
279   L  K  G  I  L  G  Y  T  D  E  D  A  A  S  N  D  F  I  G  D  S  R  S  S  I  L
```

```
1015 GATGCCAAAGCTGGGCTTGCGTTAGGCAACGGCTGCTTGAAGTTTGTGGCTTGGTTTGACAACGAGTGGGGTTACAGT
305   D  A  K  A  G  L  A  L  G  N  G  C  L  K  F  V  A  W  F  D  N  E  W  G  Y  S
1093 CACAGGGTGGTGGATCTTATTGTACATATGGCCTCGATGCAACATTCTCCATTCTTTTTCAGTTCCGATGTACACAC
331   H  R  V  V  D  L  I  V  H  M  A  S  M  Q  H  S  P  F  F  F  *
1171 AGTCTGTAGTTAACACGACGGGGGGTGGTGAAAGGCAA
```

图 4-16 *RcGAPDH* cDNA 序列及推导的氨基酸序列

注:阴影部分为起始密码子和终止密码子。

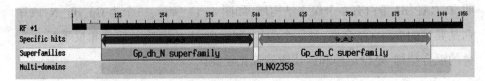

图 4-17 RcGAPDH 蛋白结构域预测

用 SOPMA 在线工具预测 RcGAPDH 蛋白的二级结构,结果如图 4-18 所示:RcGAPDH 蛋白含有 120 个 α 螺旋,占 34.29%;含有 79 个延伸链,占 22.57%;含有 34 个 β 折叠,占 9.71%;含有 117 个无规则卷曲,占 33.43%。

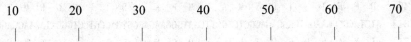

```
         10        20        30        40        50        60        70
         |         |         |         |         |         |         |
MGRGASAKLVPEKIRIGINGFGRFGRLVARVALERDDIELVAVNDPFISTDYMAYMFKYDTVHGRMTKTD
hccccchhtcccccceeeeeccccchhhhhhhhhhcttteeeeeecccccccchhhhhhhhhttttttcccceee

IYAEDEQTLCFDGKKVTVLGYKELSEIPWSEHGVDYVVECTGNYTTKDRAGEHLKGGAKKVIITGFSKDA
eecccccceeeettceeeeeeeeccccccccccchttceeeeecttccccccccccchhcttcceeeeeeccttc

PMFVMGVNEREYRREYNVVAMASCTTNCLTPLVKVLHDRFGVLEGVMTTVHSLTATQKFVDGPSLKDWRG
ceeeeeecchhhhhhhheeeeehhcccccccchhhhhhhhhhhhhhhhhhhhhhhhtccccccccccccctt

GCANIIASSTSATKAIGRLIPCMDGKIRGMAFRVPTADASLIDLVVKLDQHVSYERVCEAIKEEAEGQLK
ccheeeecccchhhhhhhhhhhhcttcctteeeecccccchhhheeeeehcttcchhhhhhhhhhhhhhhhh

GILGYTDEDAASNDFIGDSRSSILDAKAGLALGNGCLKFVAWFDNEWGYSHRVVDLIVHMASMQHSPFFF
heeeecccccccchheeccccchhhhhhhhheetttceeeeeeectttccchhhhhhhhhhhhhhccccceee
```

图 4-18 RcGAPDH 蛋白二级结构预测

注:h 代表 α 螺旋;e 代表延伸链;t 代表 β 折叠;c 代表无规则卷曲;大写字母代表氨基酸序列。

在 NCBI 数据库中对 *RcGAPDH* 的 cDNA 序列进行 blastx 比对,结果显示 RcGAPDH 蛋白与其他物种的 GAPDH 蛋白有较高的相似性,与马铃薯(*Solanum tuberosum*,NP_001275277.1)、甜橙(*Citrus sinensis*,XP_006484037.1)、毛果杨(*Populus trichocarpa*,XP_002298594.1、XP_002318114.1)、烟草杂交种(*Nicotiana langsdorffii × Nicotiana sanderae*,ABV02033.1)、烟草(P09094.1)、地钱(CAC80385.1)、鹰嘴豆(XP_004502328.1)、拟南芥(AAA32794.1)等的相似性均在 64% 以上。为进一步研究植物 GAPDH 蛋白的进化关系,用 MEGA 5.0 软件对不同植物的 GAPDH 蛋白构建系统进化树,如图 4-19 所示。由进化树可知,以上 9 个物种的 GAPDH 蛋白大概分为 3 类,砂藓与马铃薯和毛果杨的亲缘关系较近,来自同一个进化枝。

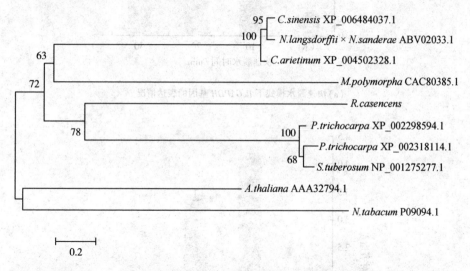

图 4-19 砂藓 RcGAPDH 蛋白与其他植物 GAPDH 蛋白的系统进化树

4.4.2.2 *RcGAPDH* 基因的表达分析

砂藓 *RcGAPDH* 基因在不同脱水胁迫和复水处理下的表达情况如图 4-20 所示。在整个脱水胁迫的过程中,*RcGAPDH* 基因均能诱导表达,表达量呈先升高后降低的趋势,脱水 20 min 时表达量最高,约为对照的 9.6 倍,如图 4-20(a) 所示。在复水过程中,*RcGAPDH* 基因的表达量始终高于对照,相较于快速脱水处理的表达量,总体呈下降趋势,如图 4-20(b) 所示。

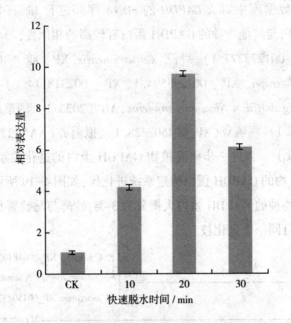

（a）快速脱水模式下 *RcGAPDH* 基因的表达情况

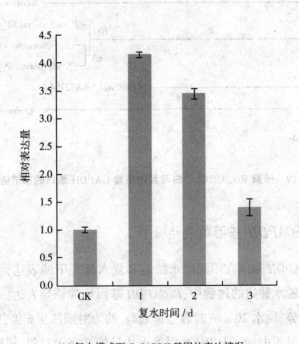

（b）复水模式下 *RcGAPDH* 基因的表达情况

图 4-20　快速脱水和复水模式下 *RcGAPDH* 基因的表达分析

4.4.3 *RcRop* 基因的克隆

4.4.3.1 *RcRop* 基因的获得及生物信息学分析

以砂藓 *RcRop* 基因完整 ORF 序列为基础设计引物,然后进行 PCR 扩增,所得的产物通过琼脂糖凝胶电泳分离后得到 1 条长约 600 bp 的特异性片段,如图 4-21 所示。测序结果表明,所得条带大小为 616 bp,与预期片段大小一致。后续的生物信息学分析表明,此 cDNA 序列编码 Rho 家族蛋白。

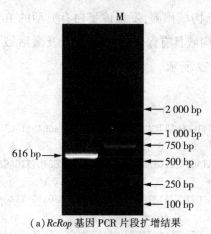

（a）*RcRop* 基因 PCR 片段扩增结果

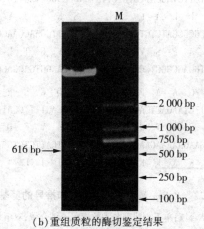

（b）重组质粒的酶切鉴定结果

图 4-21 *RcRop* 基因 PCR 片段扩增结果及重组质粒的酶切鉴定结果

注:M 为 DL 2000 DNA Marker。

　　获得的 cDNA 序列为 616 bp，ORF 为 591 bp，可编码 196 个氨基酸，如图 4-22 所示。用 ProtParam 在线工具分析预测 RcRop 蛋白的分子量为 21.68 kDa，理论等电点为 9.30；有 18 个氨基酸残基（Asp+Glu）带正电荷，有 26 个氨基酸残基（Arg+Lys）带负电荷；不稳定系数为 41.38，大于阈值 40，属于不稳定型蛋白；脂肪族系数为 87.04，总亲水系数为 -0.198。用 SignalP 4.1 和 Tmpred 在线工具预测 RcRop 蛋白既无信号肽，也不属于跨膜蛋白。用 Protscale 在线工具检测 RcRop 蛋白疏水性氨基酸所占比例小于亲水性氨基酸所占比例，推断其为亲水性蛋白。用 PSORT Prediction 在线工具进行亚细胞定位，结果显示其定位于细胞核的可能性为 0.895。用 NCBI 数据库中的 Conserved Domais 对 RcRop 蛋白进行结构域预测，发现该蛋白有典型的 Rop 蛋白家族结构域，如图 4-23 所示。该结构域具有保守的 GTP 结合及激活域、效应因子结合域和碱性氨基酸域，如图 4-22 所示。

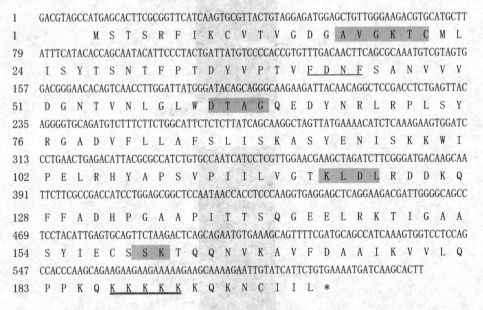

图 4-22　*RcRop* 基因 cDNA 序列和推导的氨基酸序列

注：阴影部分为 GTP 结合域；单下划线部分为效应因子结合域；双下划线部分为碱性氨基酸域。

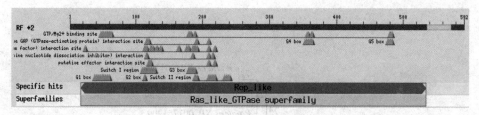

图 4-23 RcRop 蛋白结构域预测

用 SOPMA 在线工具预测 RcRop 蛋白的二级结构,结果如图 4-24 所示:RcRop 蛋白含有 62 个 α 螺旋,占 26.13%;含有 51 个延伸链,占 24.77%;含有 17 个 β 折叠,占 6.76%;含有 92 个无规则卷曲,占 42.34%。

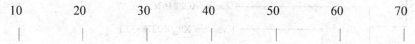

```
         10        20        30        40        50        60        70
          |         |         |         |         |         |         |
MSTSRFIKCVTVGDGAVGKTCMLISYTSNTFPTDYVPTVFDNFSANVVVDGNTVNLGLWDTAGQEDYNRL
ccccceeeeeeecctttcccceeeeeeectttccccttcccceehtcccceeettcceeeeeecccccchhhhhh
RPLSYRGADVFLLAFSLISKASYENISKKWIPELRHYAPSVPIILVGTKLDLRDDKQFFADHPGAAPITT
hhhhhttcheeeehhhhhhhhhhhhhhhhhhhhhhhhtccttcceeeeecccccccccceeeeccttcccee C
SQGEELRKTIGAASYIECSSKTQQNVKAVFDAAIKVVLQPPKQKKKKKKQKNCIIL
cthhhhhhhhhhhhheeeccccchhhhhhhhhhhheeeecccccccccccccceeee
```

图 4-24 RcRop 蛋白二级结构预测

注:h 代表 α 螺旋;e 代表延伸链;t 代表 β 折叠;c 代表无规则卷曲;大写字母代表氨基酸序列。

用 NCBI 数据库中的 blastx 进行比对发现,RcRop 蛋白与小立碗藓、卷柏、玉米等物种 Rop 蛋白序列的相似性较高,均高于 90%,且与小立碗藓的相似性最高,达 99%。选取小立碗藓(XP_001761909.1、XP_001773666.1、XP_001779421.1、XP_001779421.1)、卷柏(XP_002982092.1、XP_002987330.1)、小果野蕉(*Musa acuminata*,ABQ15204.1)、玉米(ACF83636.1、NP_001105719.1)、葡萄(XP_002278633.1)、拟南芥(AAB38780.1A、AAO42256.1)6 个物种的 12 个 Rop 蛋白序列与砂藓的 RcRop 蛋白构建系统进化树,结果显示,砂藓与小立碗藓的亲缘关系最近,聚为一类,与卷柏聚为一大支,如图 4-25 所示。

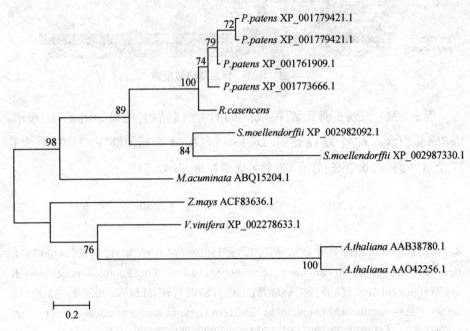

图 4-25   砂藓 RcRop 蛋白与其他植物 Rop 蛋白的系统进化树

4.4.3.2   *RcRop* 基因的表达分析

采用 qRT-PCR 对 *RcRop* 基因在脱水胁迫和复水过程中的表达情况进行研究,结果表明:在脱水胁迫下,*RcRop* 基因的表达量呈一直升高的趋势,如图 4-26(a)所示;在复水过程中,*RcRop* 基因的表达量始终高于对照,相较于快速脱水处理下的表达量,总体呈下降趋势,如图 4-26(b)所示。

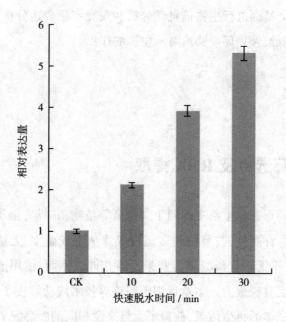

（a）快速脱水模式下 *RcRop* 基因的表达情况

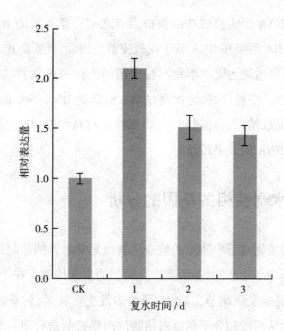

（b）复水模式下 *RcRop* 基因的表达情况

图 4-26   快速脱水和复水模式下 *RcRop* 基因的表达分析

对上述 3 个基因进行生物信息学分析和荧光定量表达分析,有助于了解这类基因在砂藓抵抗外界环境胁迫时所发挥的作用。

4.5　讨论

4.5.1　砂藓选材及 RNA 提取

苔藓植物的形态和生活史不同于其他高等植物,其具有孢子体和配子体世代交替的现象。在野外,苔藓植物多疏松成片丛生或簇生,无法确定其是否来源于同一母本,更无法分析其遗传背景是否相同。然而,使用遗传背景相同的材料进行实验更具说服力。本章运用组织培养技术成功解决了这一难题,成功构建了砂藓配子体的再生体系,获得了大量来源相同的砂藓配子体,用于 RNA-Seq 测序。

高质量的 RNA 是实验成功的关键因素之一。高质量的 RNA 应满足以下两个条件:无 DNA 污染和 RNA 分子比较完整。因此,既要防止 RNA 降解,又要防止 DNA 和蛋白质被污染。本章实验采用的改良 SDS 法具有简单、省时等优点,提取的总 RNA 完整性好、纯度高,$RIN \geqslant 8$,满足 RNA-Seq 的要求。此外,材料用量也影响提取结果。经过对比,快速脱水材料约 0.10 g、正常生长材料约 0.15 g 时提取 RNA 的效果最佳。

4.5.2　脱水耐性相关基因的分析

一直以来,植物对干旱胁迫的响应机制就是学术界的热门研究领域。众所周知,生物体是一个动态的、多因素综合调控的复杂体系。在干旱胁迫下,植物中很多代谢途径会受到调节,且这些调节多发生在转录、转录后、翻译、翻译后等水平上,因此从系统和分子角度对植物的耐旱机制进行研究非常必要。砂藓为典型的耐脱水胁迫藓类,能提供很好的耐性基因资源。但是,目前对砂藓脱水耐性机制的研究很少,且现有数据库中能查到的有关苔藓植物的基因序列信息主要来源于小立碗藓和山墙藓。相对于模式植物,苔藓植物的数据信息很匮乏。基于高通量测序的 RNA-Seq 技术自出现以来,已在植物逆境胁迫响应机制研究中得到了广泛应用。本章对砂藓 RNA-Seq 数据进行分析,对差异表达基因进行分类,共将其分为 8 类,下面主要对植物细胞信号转导、转录因子及糖代谢相关基因进行讨论与分析。

4.5.2.1　植物细胞信号转导

当植物遭受逆境胁迫时,植物首先感知环境信号,然后传到体内,转化为体内信号,对细胞代谢和基因表达产生效应,从而调节植物体的生长发育过程,这种环境信息的胞间信号传递、膜上信号转换、胞内信号转导及蛋白质可逆磷酸化就是细胞信号转导。植物细胞信号转导系统由酶、受体、通道和调节蛋白等组成。借助信号转导系统,细胞能感受、放大和整合各种外界的信号,最终调控响应基因的表达,是一个比较复杂的过程,众多物质参与其中,如小 G 蛋白就是广泛存在于植物中调控真核细胞信号转导过程的一类蛋白。许多研究表明,小 G 蛋白所介导的信号转导通路主要参与调控细胞中的囊泡运输过程,还能参与多种逆境胁迫。本章研究结果表明这类蛋白属于 Rop 家族成员(CL2951. Contig2),将其基因命名为 *RcRop*,在脱水胁迫条件下该基因的表达量提高了 11 倍。有研究表明,Rop 家族成员在调控植物生长发育、激素以及生物和非生物胁迫信号转导通路中发挥多种作用。

在植物细胞信号转导通路中,植物激素是植物体内主要的胞间化学信号。植物激素主要包括脱落酸、生长素、茉莉酸、细胞分裂素、赤霉素、油菜素内酯、水杨酸和乙烯 8 大类。目前,研究相对较多的植物激素是脱落酸,它在植物的环境胁迫响应中发挥最主要的作用。近年来,对于脱落酸的细胞信号转导机制研究得很广泛。中国农业大学张大鹏等人发现了一种细胞内叶绿体中的脱落酸受体,将其命名为 ABAR,该受体的 C 端和 N 端都位于细胞质中,呈裸露状态,且 C 端部分能与属于 WRKY 转录因子家族的 AD1A/WRKY40、AD1B/WRKY18、AD1C/WRKY60 等转录因子互相作用。该研究组提供的生物化学和遗传学证据显示,AD1A、AD1B、AD1C 位于细胞核中,在转录中起到抑制作用,是一组转录抑制因子。其中,AD1A 属于核心调节子,整体上对脱落酸信号转导通路起到负调节作用。当脱落酸信号分子与 ABAR 结合后,核心调节子 AD1A 受到刺激,从细胞核转移到细胞质中,促进其与 ABAR 受体的相互作用,但此时会激发一种未知的转录因子(或信号系统),使自身的表达被阻止,从而解除对脱落酸响应基因的抑制,使脱落酸进行正常的生理活动。有研究人员提出一种新的脱落酸信号转导通路,即 ABA-ABAR-AD1A-ABI5 信号级联通路,它反映信号分子从感知到调控基因表达的整个过程,为研究脱落酸如何应答逆境胁迫提供了有力的证据。Osakabe 等人运用基因芯片技术对转基因拟南芥的脱落酸诱导基因模式进行了研究,发现在 *RPK*1 突变体和反义 *RPK*1 拟南芥植株中,基本上所有基因的表达量都下调。Nishiyama 等人从地钱中分离出一个 Ca^{2+} 蛋白激酶基因(*CDPK*),该基因能激活信号转导通路,参与植物的逆境胁迫响应。他们发现,该基因发生了可变剪接事件,形成了 2 种转录产物,其中一种并未参与信号应答。9-顺式环氧类胡萝卜素双加氧酶是脱落酸合成途径中的关键限速酶。在砂藓的差异表达基因中,脱水胁迫处理后,9-顺式环氧类胡萝卜素双加氧酶基因(*CL*1298. *Contig*4_*All*)的表达量显著提高,约提高了 13 倍。此外,他们还发现了许多与脱落酸代谢途径相关的酶类,如蛋白磷酸酶、醛脱氢酶,其基因(*CL*3219. *Contig*1_*All*、*CL*4621. *Contig*2_*All*)在脱水胁迫处理后表达量显著提高,分别提高了 13 倍和 14 倍,磷脂酰肌醇基因(*Unigene*31936_*All*、*Unigene*32737_*All*)的表达量都提高了 12 倍。

有研究表明,茉莉酸是植物受外界刺激后反应最快的信号分子,也是植物遭受逆境胁迫后最主要的信号分子。在茉莉酸信号转导通路中,茉莉酸类物质主要通过形成 SCFCOI1 复合体来发挥其各项功能,如参与植物的防御反应、调节植物生长以及抑制光合作用等。本章中,茉莉酸代谢途径中的脂氧合酶基因(*Unigene*26941_*All*)和 12-氧-植物二烯酸还原酶基因(*Unigene*19055_*All*)的表达量分别提高了 11 倍与 14 倍。

生长素具有极性运输的特点,在植物体内发挥较多的生理作用,但关于其响应逆境胁迫机制的研究不是太多。本章中,生长素诱导蛋白基因(*Unigene*50513_*All*)、生长素转运蛋白基因(*Unigene*48795_*All*)、生长素响应因子基因(*Unigene*6762_*All*)的表达量都显著提高,其功能有待于进一步研究。

赤霉素参与调控植物的许多过程,如细胞延伸、生殖生长和衰老等。在本章的研究中,我们发现了 3 个与赤霉素有关的基因,分别是 *Unigene*43157_*All*、*Unigene*62116_*All*、*Unigene*55364_*All*,其表达量分别提高了 13 倍、13 倍和 10 倍。

细胞分裂素一般被认为是在植物根部产生的,是一类促进细胞质分裂的物质,可以促进多种组织的分化和生长。在本章的研究中,我们发现了与细胞分裂素有关的基因,分别是细胞分裂素氧化酶基因(*Unigene*55272_*All*)、细胞分裂素受体基因(*Unigene*27428_*All*),它们的表达量基本上都提高了 11 倍。

上述结果说明,脱水胁迫使砂藓体内各种激素的表达量及其信号转导通路发生了显著性变化,可见激素信号调节在增强植物耐旱性方面发挥重要的作用。目前,研究人员对脱落酸信号转导通路的认识相对深入,而对其他激素信号转导调控途径的研究还有待加强。

本章选取了一个与小 G 蛋白 Rop 家族相关的基因,将其命名为 *RcRop*,并对其进行克隆、生物信息学及荧光定量表达分析。结果表明,该序列编码的氨基酸具有典型的 Rop 家族成员特征,即具有 4 个保守的 GTP 结合和激活域(AVGKTC、DTAG、KLDL、SK)、1 个效应因子结合域(FDNF)和 1 个碱性氨基酸域(KKKKK),且与小立碗藓 Rop 蛋白的相似性达 99%,因此认为 *RcRop* 为 Rop 家族的一员。

有研究表明,Rop 蛋白参与响应多种逆境胁迫,如低温胁迫、高温胁迫、盐胁迫、干旱胁迫等,且与多种激素信号途径相关,如脱落酸信号转导通路、吲哚乙酸信号转导通路等。Li 等人发现,过表达 *CA-ROP*11 拟南芥对干旱非常敏感,若 ROP11 蛋白失活或者被敲除,则拟南芥的表型与 *CA-ROP*11 过表达时截然相反。牛杰将从香蕉中获得的 *MaROP*1 基因转入拟南芥获得转基因植株后,用甘露醇处理转基因植株,发现在干旱胁迫下,转基因植株的发芽率、根长及成活率明显提高,显著增强了对干旱胁迫的适应性。林群婷等人发现,在干旱诱导条件下,*OsRac*5 基因在水稻根中的表达量显著上调,而在地上部分中则表现为下调,说明干旱信号对该基因在根部、地上部分中表达量的影响程度不同。本章中,*RcRop* 基因在脱水和复水条件下均能被诱导表达,说明该基因参与砂藓的抗逆胁迫响应。

4.5.2.2　转录因子

在脱水胁迫下,植物可在细胞、组织和植株水平上通过多种生理机制响应水分的胁迫,避免或减轻失水对细胞造成的伤害。许多响应逆境胁迫的基因则需要通过特定的转录因子和顺式作用元件相互作用调控,才能进行表达,从而发挥功能。转录因子主要分为几大家族:MYB、bZIP、WRKY、AP2/EREBP 和 NAC 等。其中,MYB 类转录因子和 bZIP 类转录因子广泛参与植物生长发育、病害防御、光信号转导、生物及非生物胁迫应答、脱落酸敏感性反应等。Kang 等人运用转基因技术研究了拟南芥中 bZIP 转录因子 ABF3/ABF4 在干旱胁迫和盐胁迫下发挥的作用,结果表明,转入 ABF3/ABF4 的植株的耐旱、耐盐能力大大强于对照拟南芥植株,说明该转录因子参与胁迫应答机制。Sakuma 等人运用基因芯片技术进行分析发现,转基因拟南芥上调基因 *DREB2A* 中的 *DREB2A-CA* 基因在诱导干旱胁迫基因表达的同时,还诱导热激蛋白基因和盐胁迫基因的表达,这说明一个转录因子可以同时调控几种基因的表达,它们相互发挥作用。本章以差异倍数在 10 以上为筛选依据,共筛选出 10 个转录因子家族,其中 ARF 家族有 17 个基因,bHLH 家族有 17 个基因,C2H2 家族有 3 个基因,DREB 家族有 6 个基因,SBP 家族有 8 个基因,TCP 家族有 9 个基因,MYB 家族有 33 个基因,bZIP 家族有 15 个基因,NAC 家族有 12 个基因,WRKY 家族有 10 个基因,这些基因的表达量均上调,且差异倍数都很高,均在 10 以上。

本章选取了一个与 bZIP 转录因子相关的基因,将其命名为 *RcbZIP*,并对其进行克隆、生物信息学及荧光定量表达分析。结果表明,该基因编码的蛋白含有典型的 bZIP 结构域,包含一个亮氨酸拉链区和一个碱性结构域,二者紧密相连,且其 C 端还含有一个富含谷氨酰胺的转录激活域。转录因子必须在细胞核内作用才能达到调控表达的目的,PSORT Prediction 预测结果表明砂藓 RcbZIP 蛋白定位于细胞核,符合转录因子的特征。此外,砂藓 RcbZIP 与其他物种的 bZIP 氨基酸序列在非保守域同源性不高,而在 bZIP 结构域上有较高的保守性,这种结构符合转录因子的结合专一性特征。因此,我们认为 *RcbZIP* 为一种典型的 bZIP 转录因子基因。

已有研究表明,植物 bZIP 转录因子基因的表达量在逆境胁迫诱导后发生变化。大豆的 131 个 *GmbZIP* 基因对高盐、干旱、低温和外源脱落酸等逆境胁迫反应强烈,其中 49 个基因对至少 1 种胁迫产生响应,5 个基因的表达量在 4 种胁迫下均发生上调和下调,还有 11 个基因的表达受高盐、干旱和低温的诱导。用 *OsbZIP23* 基因转化水稻,可以提高水稻对干旱和高盐的耐性,以及对脱落酸的敏感性,若将此基因敲除,则其耐旱性、耐盐性和脱落酸敏感性均降低。番茄的 bZIP 转录因子基因 *SIAREB* 在水分胁迫和盐胁迫诱导下表达。用玉米的 bZIP 转录因子基因 *ZmbZIP72* 转化拟南芥后,拟南芥的耐旱性和耐盐性明显提高。本章用荧光定量表达技术对 *RcbZIP* 基因在脱水和复水条件下的表达情况进行了分析,发现该基因均能被诱导表达,说明它在砂藓的抗逆胁迫响应中发挥重要作用。

4.5.2.3 糖代谢

糖代谢主要包括糖的无氧酵解途径、有氧氧化途径、磷酸戊糖途径和糖醛酸途径等,是一个比较复杂的过程,有众多物质参与其中。其中,糖的无氧酵解途径是植物体内糖代谢最主要的途径。本章研究结果表明,在脱水胁迫下,与糖代谢相关的糖基转移酶基因(*CL2090. Contig*1 _*All*、*Unigene*32704 _*All*、*Unigene*40834_*All*)、几丁质酶基因(*Unigene*33321_*All*)等的表达量都显著提高。同时,我们发现了甘油醛-3-磷酸脱氢酶基因,将其命名为 *RcGAPDH*。甘油醛-3-磷酸脱氢酶是糖酵解、糖异生和卡尔文循环途径中的关键酶,参与糖酵解过程中第一个 ATP 的形成,是维持生命活动能量的基本酶类之一。当外界环境发生改变时,甘油醛-3-磷酸脱氢酶在 mRNA 水平和蛋白质水平上也会随之发生改变,会大量积累表达,参与植物的生物及非生物胁迫响应,尤其是在增强植物抗旱性方面发挥一定的作用。本章对 *RcGAPDH* 基因编码的氨基酸序列进行了生物信息学及表达分析,发现该基因编码的氨基酸序列具有 Gp_dh_N 和 Gp_dh_C 2 个保守区,符合 GAPC 亚基的结构特征,且亚细胞定位于细胞质,与马铃薯和毛果杨等植物细胞质中 *GAPDH* 基因氨基酸序列的同源性较高,因此认为该基因为位于细胞质中的 *GAPDH* 基因。

于丽丽等人发现,刚毛柽柳(*Tamari hispida*)在受到聚乙二醇、氯化钠、氯化镉和碳酸氢钠胁迫时,*ThGAPDH* 基因的表达量发生明显变化,从而对胁迫产生应答。张旸等人克隆得到星星草 *PtGAPDH* 基因,Northern 杂交分析结果表明:在盐碱胁迫下,随着碳酸钠溶液浓度的增大,*PtGAPDH* 基因在叶片和根部的表达量都显著升高;超过最大耐受量后,*PtGAPDH* 基因的表达丰度逐渐降低。Ziaf 等人发现,在干旱等各种胁迫下,野生型潘那利番茄(*Solanum pennellii*)的 *ADH* 和 *GAPDH* 基因能被诱导表达,植物膜脂过氧化的程度会随之减轻。Merewitz 等人在研究含有衰老响应启动子 *SAG*12 和 *IPT* 基因的转基因植物匍匐翦股颖(*Agrostis stolonifera*)时发现,耐旱植物的叶片在水分胁迫下衰老更慢,在水分亏缺时,该植物的 GAPDH 蛋白含量较高,增加了植物的抗性。本章中,当砂藓受到脱水胁迫和复水处理时,*RcGAPDH* 基因明显得到诱导表达,说明脱水胁迫和复水处理可使糖酵解途径增强,糖代谢能力得到加强,发挥一定的抗胁迫作用,因此推测该基因可能参与砂藓的抗逆调控并发挥作用。

4.6 本章小结

本章运用 RNA-Seq 技术对砂藓脱水胁迫处理材料(GH)和正常处理材料(CK)进行转录组 *de novo* 测序,所得数据如下:

①共获得 7.88 G 的有效数据,获得 83 552 条 All-Unigene。其中匹配到 Nr 数据库的 Unigene 为 51 072 条;匹配到 Nt 数据库的 Unigene 为 28 154 条;匹配到 Swiss-Prot 数据库的 Unigene 为 32 696 条;匹配到 KEGG 数据库的 Unigene 为 35 017 条;匹配到 COG 数据库的 Unigene 为 31 027 条;匹配到 GO 数据库的 Unigene 为 21 049 条。

②获得显著差异表达 Unigene 41 763 条,其中 33 559 条序列的表达量上调,8 204 条序列的表达量下调。差异表达基因 GO 分类分析结果表明:18 770 条 Unigene 参与了蛋白复合体、大分子复合体等 23 类细胞组分;13 462 条 Unigene 参与了对无机物质的响应、对金属离子的响应等 28 类生物学过程;9 105 条 Unigene 参与了分子活性、金属簇结合等 8 类分子功能。有 19 635 个差异表达基因获得通路注释,涉及的通路有 123 个,其中显著富集的有 39 个,主要涉及核糖体、代谢途径、RNA 聚合酶等。将这些差异表达基因分为 8 类,涉及离子转运及重建离子平衡、渗透保护物质生物合成、植物细胞信号转导、活性

氧清除及抗胁迫、转录因子、糖代谢、保护及修复光合系统、蛋白质合成及降解。

③通过 blastx 比对,从差异表达基因中筛选了 3 个脱水耐性相关基因（*RcbZIP*、*RcGAPDH*、*RcRop*）,对其进行了克隆和生物信息学分析,包括 ORF 的查找、蛋白质结构域的预测、二级结构预测、系统进化树的构建等。运用 qRT-PCR 技术对 *RcbZIP*、*RcGAPDH*、*RcRop* 在脱水及复水条件下的表达情况进行了分析,发现这几个基因在砂藓抵御外界环境胁迫时发挥重要作用。

5 砂藓信号转导通路相关基因的功能验证

非生物胁迫因素包括干旱、盐度、极端温度(寒冷和高温)、重金属等。在漫长的进化历程中,植物进化出了能够适应环境的调节机制。对于逆境应答机制的研究是近几十年来植物生物学领域的一个重要课题。接收胁迫信号后,植物可以发起一系列的信号转导通路,做出一些保护性反应,以确保自身能够正常生长。信号转导通路是指某种信息从细胞外传递到细胞内,细胞根据这种信息做出反应,植物体适应环境的一系列反应都是通过信号转导通路完成的。以往的研究表明,逆境胁迫可能导致活性氧、细胞质 Ca^{2+} 和其他一些化合物作为第二信使调节下游蛋白质磷酸化和基因的转录,整个信号转导通路会引起逆境应答基因的表达。已有研究表明,很多基因参与植物信号转导通路的非生物胁迫应答,逆境应答基因被诱导表达,在植物体内产生大量的特异蛋白,协同调节植物生理生化作用以及代谢的变化,从而适应外部环境。其中,组氨酸激酶(HK)、转运抑制响应蛋白 1(TIR1,生长素受体蛋白)和蛋白磷酸酶 2C(PP2C)是各信号转导通路中的关键调控组分,在植物的整个生长过程中发挥重要作用。

HK 与其下游靶蛋白一起构成双组分信号转导系统。双组分系统普遍存在于原核生物和真核生物(包括真菌、黏菌和高等植物)中。典型的双组分系统由感受器激酶和反应调节子构成。感受器激酶通常是一个跨膜蛋白,通过氨基端的感受器结构域探测到环境的刺激后,激活其羧基端的组氨酸激酶活性,以 ATP 为磷酸供体将自身一个保守的组氨酸残基磷酸化,然后将这个磷酸基团传递给第二组分位于细胞质的反应调节子氨基端接收器结构域的一个天冬氨酸残基,并活化羧基端的效应器,从而介导基因表达的调控或细胞行为的改变。有研究表明,在拟南芥中,HK 发挥不同的生物学功能,这些功能涉及乙烯信号转导通路、渗透压感应、细胞分裂素信号转导通路、大型配子体发育、冷感知、盐敏感性调节,以及抵抗细菌和真菌感染等。HK 若干基因也参与拟南芥的干旱胁迫响应。

1997 年,研究人员从抑制生长素极性运输的突变体 tir1 中分离得到 TIR1,将其命名为转运抑制响应蛋白 1,并证明其参与生长素的响应。然而,随后的表型分析结果显示样品侧根减少且根的伸长受到抑制,说明 TIR1 参与生长素响应。TIR1 为富含亮氨酸重复序列的 F-box 蛋白,因此推测其参与植物某些蛋白的泛素化降解。拟南芥中有 700 多个 F-box 蛋白,F-box 蛋白家族还包含 5 种

AFB 蛋白(AFB1~AFB5),这些蛋白都具有生长素受体的功能。F-box 蛋白几乎参与植物生长的所有过程,包括植物激素信号的转导、花的发育、光形态的建成、生物节律的形成、对非生物逆境胁迫的响应等。

PP2C 是一类依赖 Mg^{2+} 或 Mn^{2+} 的丝氨酸/苏氨酸残基蛋白磷酸酶,没有调控亚基,以单体形式存在。PP2C 广泛存在于古细菌、细菌、真菌、植物和动物中,其功能主要涉及应激信号。PP2C 的催化区域含有 11 个保守的基序。植物 PP2C 具有其独特的结构模式。植物中多数 PP2C 类磷酸酶 C 端有保守的催化区域,而 N 端则是保守性不强、长度不一的延伸区域,这些延伸区域含有与胞内信号相关的序列(包括跨膜区域和激酶互作区域等),从而赋予 PP2C 不同的功能,包括调节蒸腾作用、调控植物生长及种子萌发、响应非生物胁迫等。例如,MP2C 是从苜蓿 cDNA 文库中筛选得到的 PP2C 类蛋白,其参与 MAPK 信号转导通路,与 SIMK 相互作用,使 SIMK 去磷酸化而失活,在 SIMK 信号转导通路中发挥负调控作用,MAPK 级联通路参与响应损伤、低温、干旱、盐碱、渗透压和活性氧等逆境胁迫。

综上所述,研究信号转导通路相关基因,明确基因功能,对揭示植物抗逆机制有重要意义。目前,对于信号转导通路相关基因的研究较多,但关于这些相关基因参与砂藓响应干旱胁迫的研究较少。本书根据转录组数据库筛选获得了可能与抗旱信号转导通路相关的基因(*RcHK*、*RcTIR*1、*RcPP2C*),通过农杆菌介导的遗传转化,转化模式植物烟草,通过运用分子生物学技术及检测生理指标研究目的基因的抗逆性,旨在为其他植物的抗逆性研究提供理论依据,也为抗逆基因的实际应用提供参考。

5.1　砂藓 *RcHK*、*RcTIR*1 和 *RcPP2C* 基因的克隆及序列分析

5.1.1　试验材料

本章的试验材料同 4.1.1 节。

5.1.2 试验方法

5.1.2.1 砂藓总 RNA 的提取

砂藓总 RNA 的提取方法同 4.2.1 节。

5.1.2.2 cDNA 第一链的合成

cDNA 第一链的合成方法同 4.2.4 节。

5.1.2.3 *RcHK*、*RcTIR*1 和 *RcPP2C* 基因的 PCR 扩增

相关体系与步骤同 4.2.5.1 节。

对与信号转导相关的 3 个基因 *RcHK*、*RcTIR*1 和 *RcPP2C* 进行引物设计。根据开放阅读框用 Primer Premier 5.0 软件设计引物,并加上相应的酶切位点及保护碱基,引物及酶切位点见表 5-1。

表 5-1 PCR 扩增引物及酶切位点

基因名称	引物名称	引物序列(5′到3′)	酶切位点
RcHK	*RcHK*-F	5′ACGCGTCGACAGATTGCGAGTGGTGTTAGCC3′	*Sal* I
	RcHK-R	5′GGGGTACCCCATCAATCCTGTGTTCTCGG3′	*Kpn* I
*RcTIR*1	*RcTIR*1-F	5′GGAATTCCATATGATGGTGGGACACGGATGCC3′	*Nde* I
	*RcTIR*1-R	5′CGGGATCCTGAGGGGTTCCTGCTTGTCT3′	*Bam*H I
RcPP2C	*RcPP2C*-F	5′ACGCGTCGACGCAATGGGCGTTTTCAGCG3′	*Sal* I
	RcPP2C-R	5′CGGGATCCCGACCCCACACTCTGTAGTCTATCCACC3′	*Bam*H I

注:F 代表上游;R 代表下游。

5.1.2.4 *RcHK*、*RcTIR*1 和 *RcPP2C* 基因的生物信息学分析

相关方法同 4.2.5.2 节。

5.2　砂藓 *RcHK*、*RcTIR*1 和 *RcPP2C* 基因的表达分析

5.2.1　试验材料

　　试验所用砂藓采自黑龙江省五大连池。将植株自然晾干后,分别在复水处理 1 d、2 d、3 d、4 d、5 d 后取材。正常生长材料进行硅胶快速干燥处理,处理时间分别为 10 min、20 min、30 min、1 h、4 h、8 h、1 d、2 d,处理后和存放 2 年的标本一起进行取样,选择恢复正常生长的材料为对照。取材处理后立即放入液氮中冷冻,置于-80 ℃冰箱中冻存备用。

5.2.2　试验方法

5.2.2.1　砂藓总 RNA 的提取

　　砂藓总 RNA 的提取方法同 4.2.1 节。

5.2.2.2　cDNA 第一链的合成

　　cDNA 第一链的合成方法同 4.2.4 节。

5.2.2.3　qRT-PCR 反应体系及程序

　　qRT-PCR 反应体系及程序同 4.2.4 节。

　　荧光染料采用 SsoFast™ EvaGreen® Supermix,以 18S *rRNA* 基因为内参,PCR 扩增引物见表 5-2。

表 5-2 PCR 扩增引物

基因名称	引物名称	引物序列(5′到3′)
18S rRNA	18S rRNA-qF	5′TTGACGGAAGGGCACCA3′
	18S rRNA-qR	5′ACCACCACCCATAGAATCAAGAA3′
RcHK	RcHK-qF	5′TCACTGCACGTCTTGGTAGC3′
	RcHK-qR	5′GCCTCCACTGCTAGTTGTCC3′
RcTIR1	RcTIR1-qF	5′GGCAGTACCTCATGGCCTTA3′
	RcTIR1-qR	5′TCAGAGCGTGGTCCTACAGTT3′
RcPP2C	RcPP2C-qF	5′ACTGGTTCCTTCGGCACAT3′
	RcPP2C-qR	5′GACATACCTCCCTGCTCTGC3′

注:F 代表上游;R 代表下游。

5.3 *RcHK*、*RcTIR*1 和 *RcPP2C* 基因表达载体的构建及烟草的遗传转化

5.3.1 实验材料

由本实验室保存的烟草种子,大肠杆菌 DH5α,根癌农杆菌 EHA105,由本实验室保存的植物表达载体 pRI101-AN。

培养基及药品的配制方法如下:

①YEB 培养基:5 g/L 的蔗糖,5 g/L 的牛肉膏,5 g/L 的胰蛋白胨,1 g/L 的酵母浸粉,0.439 5 g/L 的硫酸镁,pH=7.0,高压灭菌。

②卡那霉素(Kan):配成浓度为 50 mg/mL 的母液,溶于无菌水中,用 0.22 μm 的滤膜过滤除菌,置于-20 ℃冰箱中保存。

③利福平(Rif):配成浓度为 50 mg/mL 的母液,用 0.22 μm 的滤膜过滤后溶于 DMSO 溶液中,置于-20 ℃冰箱中保存。

④头孢噻呋钠(Cefo):配成浓度为 400 mg/mL 的母液,溶于无菌水中,用 0.22 μm 的滤膜过滤除菌,置于-20 ℃冰箱中保存。

⑤萘乙酸:称取一定量的萘乙酸,用少量的无水乙醇溶解后,加入无菌水配制成 0.2 mg/mL 的贮存液,于 4 ℃保存。

⑥6-苄基腺嘌呤:用少量 1 mol/L 的氢氧化钠溶解后,加入无菌水配制成 2.0 mg/mL 的贮存液,于 4 ℃保存。

⑦0.5 mol/L 的乙二胺四乙酸二钠:在 80 mL 水中加入 18.61 g 乙二胺四乙酸二钠,在磁力搅拌器中搅拌溶解,用氢氧化钠将 pH 值调至 8.0,加水定容至 100 mL,灭菌后置于 4 ℃冰箱中保存。

⑧1 mol/L 的 Tris-HCl(pH=8.0):向 40 mL 双蒸水中加入 6.055 g Tris,完全溶解后用浓盐酸将 pH 值调至 8.0,加无菌水定容至 100 mL,灭菌后置于 4 ℃冰箱中保存。

⑨2%的 CTAB:向 50 mL 双蒸水中加入 8.16 g 氯化钠、2 g CTAB、10 mL 1 mol/L 的 Tris-HCl(pH=8.0)、5 mL 乙二胺四乙酸二钠(pH=8.0),加无菌水定容至 100 mL,灭菌后室温保存。

⑩烟草组织培养的基础培养基为 MS 培养基。除 MS 培养基外,还有如下培养基:

预培养培养基(MS1):MS 培养基+30 g/L 蔗糖(pH=5.8)。

共培养培养基(MS2):MS 培养基+0.1 mg/L 萘乙酸+1 mg/L 6-苄基腺嘌呤+40 mg/L 卡那霉素+500 mg/L 头孢噻呋钠(pH=5.8)。

筛选培养基(MS3):MS 培养基+0.2 mg/L 萘乙酸+2 mg/L 6-苄基腺嘌呤+40 mg/L 卡那霉素+500 mg/L 头孢噻呋钠(pH=5.8)。

生根培养基(MS4):1/2 MS 培养基+0.2 mg/L 萘乙酸+40 mg/L 卡那霉素+200 mg/L 头孢噻呋钠(pH=5.8)。

5.3.2 实验方法

5.3.2.1 植物表达载体的构建

分别用限制性内切酶 Sal Ⅰ/Kpn Ⅰ、Nde Ⅰ/BamH Ⅰ、Sal Ⅰ/BamH Ⅰ对植物表达载体 pRI101-AN 进行双酶切,胶回收载体大片段。双酶切和胶回收方法同 4.2.5.1 节。

将克隆片段与载体大片段以 3∶1 的比例混合,反应体系如下:

pRI101-AN	2.0 μL
克隆片段	6.0 μL
10×Buffer	1.0 μL
T_4 DNA 连接酶	1.0 μL
无菌水补至	10 μL

混合均匀后离心,16 ℃连接过夜。将连接产物转入大肠杆菌感受态细胞中,方法同 4.2.5.1 节,本步骤中所加的抗生素为卡那霉素(50 mg/L)。分别将构建的植物表达载体命名为 pRI-$RcHK$、pRI-$RcTIR$1、pRI-$RcPP2C$。

5.3.2.2 植物表达载体转化根癌农杆菌 EHA105

(1)农杆菌感受态细胞的制备

a. 从-80 ℃冰箱中取出农杆菌 EHA105 菌液,在利福平和卡那霉素浓度均为 50 mg/L 的 YEB 固体培养基上划线,28 ℃培养过夜。

b. 挑取单菌落于利福平和卡那霉素浓度均为 50 mg/L 的 YEB 液体培养基中,28 ℃振荡培养至对数期。

c. 取上述菌液,按 1∶100 的比例接种于利福平和卡那霉素浓度均为 50 mg/L 的 20 mL YEB 液体培养基中,28 ℃振荡培养至 OD_{600} 为 0.5 左右。

d. 将菌液均分入离心管中,置于冰上 30 min,4 ℃、4 000 r/min 离心 10 min。

e. 弃上清液,加入 5 mL 0.1 mol/L 的氯化钙重悬细胞,4 ℃、4 000 r/min 离心 10 min。

f. 弃上清液,加入 2 mL 0.1 mol/L 的氯化钙重悬细胞,每管分装 100 μL,加入 30% 的甘油混合均匀后,于 -80 ℃ 冰箱中保存备用。

(2)农杆菌的转化(冻融法)

a. 取 10 μL 重组质粒,分别加至根癌农杆菌 EHA105 感受态细胞中,冰浴 30 min。

b. 置于液氮中速冻 5 min 后,立即 37 ℃ 水浴 5 min。

c. 在无菌操作台中加入不含抗生素的 YEB 液体培养基 800 μL,28 ℃、180 r/min 振荡培养 4 h。

d. 5 000 r/min 离心 5 min,在无菌操作台中收集菌体,加入 100 μL YEB 液体培养基重悬菌体。

e. 将菌液均匀涂布于利福平和卡那霉素浓度均为 50 μg/mL 的 YEB 固体培养基上,28 ℃ 培养 2~3 d。

(3)农杆菌转化子的鉴定

挑取单菌落进行 PCR 鉴定。

(4)农杆菌介导的遗传转化

①无菌苗的培养

将烟草种子置于 10% 的次氯酸钠溶液中消毒 8 min,用无菌水冲洗 5~6 遍后置于无菌滤纸上晾干,然后将种子接种于 MS 培养基中,在 27 ℃、16 h/d、1 800 lx 的培养条件下培养 8 周,用于遗传转化实验。

②农杆菌工程菌液的制备

将冻融法转化农杆菌呈阳性的菌液涂布于 YEB 固体培养基上划线,28 ℃ 培养 1~2 d,挑取单菌落置于 YEB 液体培养基中,28 ℃ 振荡培养 1~2 d。取 2 mL 菌液于新鲜的 YEB 液体培养基中振荡培养至 OD_{600} 为 0.5 左右,4 000 r/min 离心 8 min 收集菌体,用液体 MS 培养基重悬菌体使 OD_{600} 为 0.1,即得到工程菌液。

③预培养

以培养 8 周的无菌苗叶片为外植体,沿与主脉垂直的方向去除叶柄,切成 0.5 cm×0.5 cm 的小块,置于新制备的工程菌液中侵染 8 min,取出后用无菌滤纸吸去多余的菌液,叶片正面向上平铺于预培养培养基(MS1)上暗培养 2 d。

④脱菌及筛选

将共培养 2 d 的叶片取出,用无菌水冲洗 4~5 遍,转移至共培养培养基(MS2)中,在 27 ℃、16 h/d、1 800 lx 的条件下培养,每隔 10 d 更换一次培养基,直至筛选出抗性芽。

⑤抗性芽的筛选

将获得的抗性芽转移到筛选培养基(MS3)中继续选择培养。

⑥植株移栽

在不定芽长至 2~4 cm 时将其转移至生根培养基(MS4)中诱导生根,选择根长度为 2~3 cm 的生长健壮的幼苗,炼苗 2~3 d,期间加入少量的无菌水以软化培养基。用无菌水洗去根部的培养基,移栽至装有草炭土、蛭石、沙土(3:1:1)混合基质(高压灭菌)的花盆中,每天浇一次水,3~7 d 可成活。将 PCR 检测呈阳性的植株转移至大花盆,室温培养至成熟,单株收取 T_0 代种子。

⑦阳性植株的鉴定

提取转基因阳性烟草叶片 DNA,进行 PCR 验证。

采用 CTAB 法提取烟草叶片 DNA,具体步骤如下:

a. 取适量的叶片放入研钵中,加入少量的维生素 C 和聚乙烯吡咯烷酮,迅速用液氮充分研磨成粉末状,转入 1.5 mL 离心管中。

b. 加入 1 mL 预冷的 Buffer A,混匀后冰浴 30 min,4 ℃、12 000 r/min 离心 10 min,弃上清液。若溶液太黏稠,则可重复此步骤几次。

c. 加入 800 μL 2% 预热的 CTAB 溶液混合均匀,65 ℃ 孵育 1 h 后冷却 5 min,13 000 r/min 离心 10 min。

d. 取上清液,加入等体积的 CI 抽提 2 次,13 000 r/min 离心 10 min。

e. 取上清液,加入等体积预冷的异丙醇,颠倒混匀,-20 ℃ 放置 30 min,4 ℃、13 000 r/min 离心 10 min。

f. 弃上清液,用 75% 的乙醇洗涤沉淀 2 次,4 ℃、13 000 r/min 离心 5 min。

g. 收集沉淀,在冰上晾干至无乙醇味,加入 30 μL 无菌水,置于 -20 ℃ 冰箱中保存备用。

PCR 反应体系如下:

Buffer(10×)	2.0 μL
Mg^{2+}	1.4 μL
dNTP	0.4 μL
上游引物	1.0 μL
下游引物	1.0 μL
模板	100 ng
Taq 酶	0.4 μL
无菌水补至	20 μL

反应程序如下：

94 ℃预变性	5 min
94 ℃变性	45 s
58 ℃退火	45 s
72 ℃延伸	1 min
72 ℃延伸	10 min

35 个循环（94 ℃变性、58 ℃退火、72 ℃延伸）

反应结束后,通过 1%琼脂糖凝胶电泳对 PCR 产物进行检测。

5.4 转基因烟草的鉴定及抗旱性分析

5.4.1 植物材料

将 T_0 代烟草种子和野生型烟草种子播种于装有蛭石、沙土(1∶1)混合基质(高压灭菌)的花盆中,于光照时间为 12 h、光照度为 3 000 lx、温度为(23±2)℃的光照培养箱中进行培养,所得转基因烟草植株即为 T_1 代植株。

待长到 3 叶期,将 T_1 代转基因烟草阳性植株和野生型烟草植株转移至室温环境中培养,每个株系移栽 15 棵苗。3 个月后,在苗高 100 cm 左右时进行干旱胁迫实验。定期采样进行生理指标测定,每个处理做 3 次重复实验,以便对 *RcHK*、*RcTIR*1 及 *RcPP2C* 基因的耐旱性进行验证。

5.4.2　实验方法

5.4.2.1　叶绿素含量测定

用叶绿素测定仪测定叶绿素含量。

5.4.2.2　脯氨酸含量测定

同3.2.4节。

5.4.2.3　可溶性蛋白含量测定

(1)可溶性蛋白浓度标准曲线的制作

配制每升含有 10 mg、20 mg、40 mg、60 mg、80 mg 牛血清蛋白的标准溶液 3 份,分别各取蛋白溶液 0.1 mL,另取 0.1 mL 生理盐水作为空白对照,分别加入考马斯亮蓝 G-250 试剂 5.0 mL,充分振荡混匀。2 min 后用紫外-可见分光光度计在 595 nm 波长下以空白对照调节 0 点,读取各管 OD 值,取平均值。以蛋白溶液浓度为横坐标、以平均 OD 值为纵坐标绘制可溶性蛋白浓度标准曲线,如图 5-1 所示。

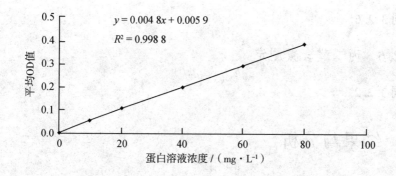

图 5-1　可溶性蛋白浓度标准曲线

(2)可溶性蛋白含量测定

采用考马斯亮蓝 G-250 比色法测定可溶性蛋白含量。取高温胁迫处理的实验材料的茎尖部分,用滤纸吸取多余水分后称取 0.3 g 放入研钵中,加入 0.5 mol/L 的磷酸缓冲液(pH = 7.8)5 mL,充分研磨至匀浆状态。匀浆液经 4 000 r/min 离心 10 min 后,其上清液即为提取液。取 1 mL 上清液、5 mL 考马斯亮蓝 G-250 混匀显色,充分混合 5~20 min,待其充分显色时,用紫外-可见分光光度计在 595 nm 处比色测定其吸光度,以 3 mL 考马斯亮蓝 G-250 溶液作为对照(0 时),利用相应可溶性蛋白浓度标准曲线计算样品中可溶性蛋白的含量,计算公式见式(5-1):

$$m_4 = \frac{m_b \times V_t}{1\ 000 \times V_s \times m_y} \tag{5-1}$$

式中:m_4——可溶性蛋白含量,mg/g;

m_b——标准曲线对应的值,μg;

m_y——样品质量,g;

V_t——提取液总体积,mL;

V_s——测定时的加样量,mL。

5.4.2.4　可溶性糖含量测定

同 3.2.5。

5.4.2.5　过氧化物酶活力测定

同 3.2.6。

5.4.2.6　丙二醛含量测定

同 3.2.2。

5.5　结果与分析

5.5.1　*RcHK*、*RcTIR*1、*RcPP2C* 基因的 PCR 扩增

以反转录的 cDNA 为模板,以砂藓 *RcHK*、*RcTIR*1、*RcPP2C* 基因的完整 ORF

序列为基础设计引物,进行 PCR 扩增,采用琼脂糖凝胶电泳检测 PCR 产物,分别得到大小约为 1 000 bp、750 bp 和 1 300 bp 的特异性片段。测序结果显示所得条带大小分别为 1 067 bp、789 bp 和 1 389 bp,与预期片段大小一致,如图 5-2 所示。后续的生物信息学分析结果表明这 3 个基因分别为组氨酸激酶基因(命名为 *RcHK*)、生长素受体蛋白基因(命名为 *RcTIR*1)、蛋白磷酸酶 2C 基因(命名为 *RcPP2C*)。

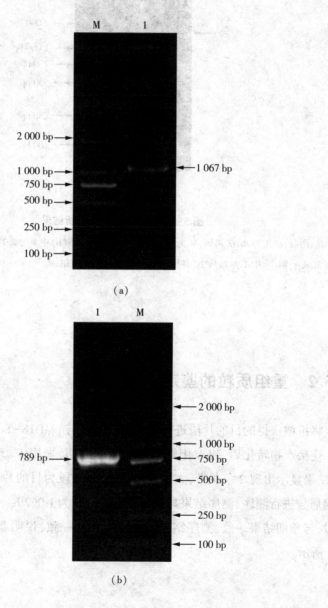

(a)

(b)

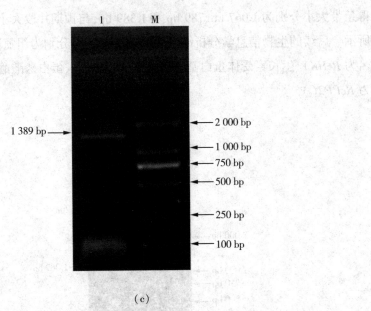

（c）

图 5-2　PCR 产物电泳分析结果

注:图(a)中 1 为 *RcHK* 基因,M 为 DL 2000 DNA Marker;图(b)中 1 为 *RcTIR*1 基因,M 为 DL 2000 DNA Marker;图(c)中 1 为 *RcPP*2*C* 基因,M 为 DL 2000 DNA Marker。

5.5.2　重组质粒的鉴定

将扩增获得的目的片段进行回收、纯化,并与 pMD18-T Simple 载体进行连接。连接产物转化后,挑取阳性克隆进行双酶切,采用 1%琼脂糖凝胶电泳检测,结果显示出现 2 条条带,大片段为载体,小片段为目的片段。对鉴定成功的重组质粒进行测序,测序结果显示得到长度分别为 1 067 bp、789 bp、1 389 bp 的片段,与预期结果一致,测序结果与原序列比对一致,说明载体构建成功,如图 5-3 所示。

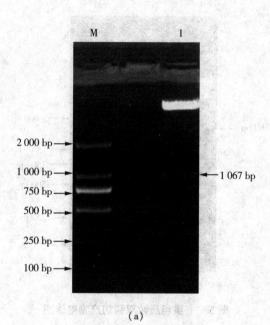

(a)

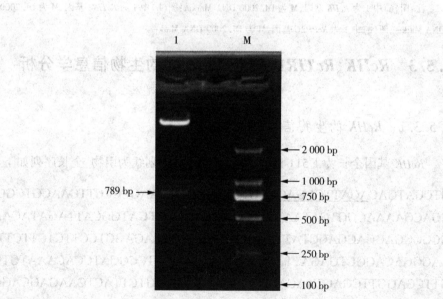

(b)

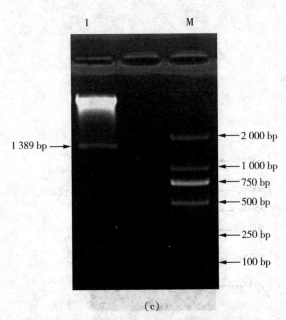

图 5-3　重组质粒双酶切产物电泳图

注:图(a)中 1 为 *RcHK* 基因,M 为 DL 2000 DNA Marker;图(b)中 1 为 *RcTIR*1 基因,M 为 DL 2000 DNA Marker;图(c)中 1 为 *RcPP2C* 基因,M 为 DL 2000 DNA Marker。

5.5.3　*RcHK*、*RcTIR*1、*RcPP2C* 基因的生物信息学分析

5.5.3.1　*RcHK* 的生物信息学分析

RcHK 基因全长为 1 511 bp,ORF 为 813 bp,下划线为引物,全长序列如下:

GTCGATGAC<u>AGATTGCGAGTGGTGTT</u>AGCCGAAAGCCCCTTCAACGTCGC
CGACGAAAACGGTGATAATGGCTTTGTAAAC**ATG**ATGGCATTAGATACAA
GCGGCGAGGACGAGGTATTGACCGATGAAGACAGAGGTCCTTCTCTTCTT
CAGGGACAGGCTGAGATTAGCAATGATATAGATCCGGATCCACAAATGTG
GTTCGAGGTTCGAGTAACAGACACGGGAATAGGTCTTACTCAAGAGCAGC
AGTCCAGGCTTTTTCAATCTTTCTCCCAGGCAGACAGCAGCACAACAAGG
AAATTCGGTGGCACAGGGTTAGGATTAGCGATCTCGAAAGGTCTGGTGGA
AGTCATGGGAGGTAAAATTTGGGTGGAAAGCGAATTCGGGAAAGAAAGT
ACCTTCGCGTTCTGTGTCCCATTACGAGCTGCTGTGAATTTTATCAGTTGC

CTTCCGGAGCCTGGACCTCCATCTCCACCACAAGCTAAACCTTTCAGACTG
AAAGAGAGATCACTGCACGTCTTGGTAGCGGAGGACAACTCGGTAAATCA
GTTATTGATATCGAAGATGCTGAAACATTACGGCCACGAGGTTCAACTAG
TAGGAAATGGACAACTAGCAGTGGAGGCTGTACAAACCGGGAAGCACGA
CATGATTTTGATGGACCTACAAATGCCCGTCCTCGATGGCCTGAGTGCCAC
CAAAGCCATTCGTGCTCTTGGCGGTCGTGGACTAGACGTTCCCATATACGC
ACTGACAGCTGATGTACTGACCAAGAGCCACGGATCTCTCGATGCTATGG
GCTTAGACGGATACTTGACGAAGCCCATCAACTGGCAATCTCTTTCTCAA
GTCATTGAGAACGTCGTCGGTGGGAGGCGCCGATCGCCA**TGA**AGGGCAA
CGTACATCATGGCACGAGTTAAATGATCTCTGTAGACTGCAGGTTTTTCAG
TTTCTGTGATAGAGGCTGGATGCCTTTTGCCAAGCTTCTGTGGGGGCTGTG
GTTCCTGTTCCTACACCTTCTTGAACAGACCTTCTTGATCTCTATCAGAGA
A<u>CCGAGAACACAGGATTGATGG</u>ATGCAATACGATACTCGAAGTGAGACG
ACATGGAGGTCGGCGTGGTACTAGGTTTTACAGACCGGCGTTAGCAAGTA
TTCATAATATTTTCATGTCTTTGTAACTATCTCAAAGGTGTTCAGGAAGCT
GCAGTGCTCAAGGCGAACTTCGCCTTCAGGATTTGCTCCTTCAGCAGCTGA
GAGTGACGGTTCTGAGAGTGATGGGGGAACAACAACTGAGGGCTTTAATC
GAACAGGCATGATAGGGTAGGTGACATCCAGTGAGCATTGCTTATCAGAG
ATTTGAGGATATTATTGTCCTCATCGTGTAAATTTTCACATTGAACGTACA
TACAAGAGTGTTTGGAAATCACCAAATTGGTGATTGGAAAGCTTACGTAC
AATACTTGACGGAACAGCGGTGGGGCAATGTTTCCATTGCCATTGTGTTTG
AGAG

该基因编码的氨基酸序列如下：

MMALDTSGEDEVLTDEDRGPSLLQGQAEISNDIDPDPQMWFEVRVTDTGIGL
TQEQQSRLFQSFSQADSSTTRKFGGTGLGLAISKGLVEVMGGKIWVESEFGKE
STFAFCVPLRAAVNFISCLPEPGPPSPPQAKPFRLKERSLHVLVAEDNSVNQLL
ISKMLKHYGHEVQLVGNGQLAVEAVQTGKHDMILMDLQMPVLDGLSATKA
IRALGGRGLDVPIYALTADVLTKSHGSLDAMGLDGYLTKPINWQSLSQVIEN
VVGGRRRSP

（1）RcHK 蛋白理化性质分析

用 Protparam 在线工具预测 RcHK 蛋白的氨基酸数目为 270 个（见表 5-3），分子量为 29.23 kDa，理论等电点为 5.07；有 24 个氨基酸残基（Asp+

Lys)带正电荷,有 33 个氨基酸残基(Asp+Glu)带负电荷;不稳定系数为 48.13,大于阈值 40,属于不稳定型蛋白质;脂肪族系数为 90.96,总亲水系数为 -0.162。

表 5-3　RcHK 蛋白的氨基酸组成

氨基酸名称	数目/个	百分率/%
Ala(A)	17	6.3
Asn(N)	7	2.6
Cys(C)	2	0.7
Glu(E)	16	5.9
Met(M)	9	3.3
Ser(S)	22	8.1
Tyr(Y)	3	1.1
Sec(U)	0	0.0
Arg(R)	12	4.4
Asp(D)	17	6.3
Gln(Q)	16	5.9
Gly(G)	27	10.0
Phe(F)	9	3.3
Thr(T)	14	5.2
Val(V)	21	7.8
His(H)	5	1.9
Ile(I)	12	4.4
Leu(L)	31	11.5

续表

氨基酸名称	数目/个	百分率/%
Lys(K)	12	4.4
Pro(P)	15	5.6
Trp(W)	3	1.1
Pyl(O)	0	0.0

（2）RcHK 蛋白亲/疏水性分析

用 Protscale 在线工具预测 RcHK 蛋白的亲/疏水性，结果表明该蛋白在 120 位置 Max=1.900，疏水性最强，在 34 位置 Min=-1.889，亲水性最强，说明该蛋白为疏水性蛋白，如图 5-4 所示。

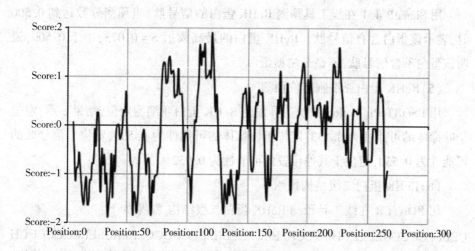

图 5-4 RcHK 蛋白亲/疏水性分析结果

（3）RcHK 蛋白跨膜结构域预测

用 TMHMM 软件对 RcHK 蛋白的跨膜结构域进行分析，结果显示该基因编码的蛋白不含跨膜区，如图 5-5 所示。

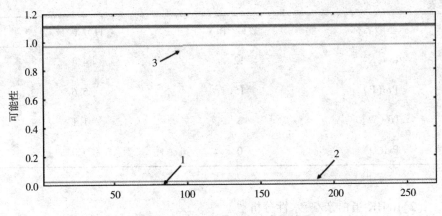

图 5-5 RcHK 跨膜结构域分析结果

注:1 为细胞膜;2 为细胞膜内;3 为细胞膜外。

（4）RcHK 蛋白信号肽预测

用 SignalP 4.1 在线工具预测 RcHK 蛋白的信号肽,当预测分数达到 0.500 时,表示该蛋白含有信号肽。RcHK 蛋白的最高阈值 $S = 0.073$,小于 0.500,说明该蛋白不含信号肽,不是分泌型蛋白。

（5）RcHK 蛋白亚细胞定位预测

用 PSORT Prediction 在线工具预测 RcHK 蛋白亚细胞定位,结果显示:定位于叶绿体的可能性为 0.133,定位于线粒体的可能性为 0.530,定位于信号肽的可能性为 0.530,定位于其他位置的可能性为 0.932。

（6）RcHK 蛋白二级结构预测

用 PORTER 在线工具预测 RcHK 蛋白二级结构,结果如下:

CEEEECCCCCEEEECHCCCCEEEECEEEEEEEECCCCCEEEEEEECCCCCCCH
HHHHHHHHHHCCCCCCCCCCCCCHHHHHHHHHHHHHCCEEEEECCCCC
CEEEEEEECCCCCCCCCCCCCCCCCCCCCCCCCCCCCEEEEECCHHH
HHHHHHHHHCCEEEEECCHHHHHHHHHCCCCEEEEECCCCCCCHHHH
HHHHHHCCCCCCCEEEEECCCHHHHHHHHCCCCCHCCCCCCHHHHH
HHHHHHHHHHCCCC

其中 C 表示无规则卷曲,H 表示 α 螺旋,E 表示 β 折叠。无规则卷曲总数为 125,占总数的 46.3%;β 折叠总数为 60,占总数的 22.2%;α 螺旋总数为 85,占总数的 31.5%。

（7）RcHK 蛋白结构域和三级结构预测

用 SMART 软件预测 RcHK 蛋白结构域，结果显示其含有一个 HATPase_c 结构域，是组氨酸 ATP 结合域，可以结合 ATP 发生磷酸化，还含有一个 REC 结构域，是一个信号接收域，是组氨酸同源物的磷酸化受体，如图 5-6 所示。

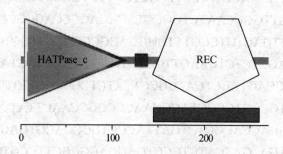

图 5-6　RcHK 蛋白结构域预测图

用 SWISS-MODEL 在线工具预测 RcHK 蛋白三级结构，在 143~268 位置建模，结果如图 5-7 所示。

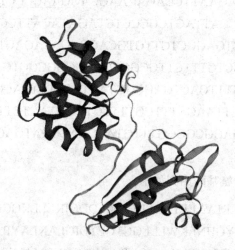

图 5-7　RcHK 蛋白三级结构预测图

5.5.3.2　*RcTIR*1 基因的生物信息学分析

*RcTIR*1 基因全长为 1 110 bp，ORF 为 615 bp，下划线为引物，全长序列如下：

CGCCGCCCTGGCG**ATG**GTGGGACACGGATGCCAGCACCTGACGGACTTCC
GCCTGGTGTTGGAGCCGACTGCCAAGAGCATCGTGGACCTCCCTTTGGAC
GATGGGATCAAGCTCCTGCTCAAAGGCTGTCGAAACTTGTCCAAAATGGC
GGTGTATCTTCGCCATGGGGGCCTGACGGACCGAGGGATGGGCTACATCG
GGGAGTATGGCCACAACTTGAAATGGTTGCTTCTGGGCTGCACCGGTGAG
ACTGACATCGGGTTGGCCAATCTGGCCTACAGAGCCCAGCGCCTCCAGCG
CCTGGAAATTCGTGACTGTCCGTTTGGGGAGGCCGGCCTTGCTGCGGCAG
TGGTGGGGATGAGCTCTCTCAAGTTCCTGTGGGTGCAAGGGTACCGGGCT
GTGGAAGCAGGGCAGTACCTCATGGCCTTATCTCGCCCCTATCTGAACCT
GGAGATCAGTCTGCCGTCCGCTACGCAACCCGGCCAACTTATCGCCTATT
ATGCAACTGTAGGACCACGCTCTGATTACCCTGCCGACGTGAGGGTGCTG
GTGGCCAACTCAGATGATCATCTCCCTGAGGACGCGCTTCCGTCTGAGCTC
TACTCATCTGGGTCGACTGATGGC**TGA**ATTTAGATAAAACCATTCTTTCCA
AGCTTGTTCACATGATGGATGTGTAGCTAGGATGGCAATTCGTTGAAAGT
GGGTGTGGAGCTCGAAATGGATCTCCACAGTTTTCCGTCCATTCGTTGGTG
TGGTTCTATCCGAGAATTCCAGACAAGCAG<u>GAACCCCTCATGTATCATCA</u>
TGCGTTTCGTTGCCATTAGTCGCCCTCTAGATACATTCCGTTTCGTTATAA
GTGAGTATGACCTGAGGCTGTTGTGCAGCAGATAGAGTTGACGATGGTTC
GCACTCTGATAGCTGTTTCTTGCGCCGATGGGGCGCTGACAGGAGCTTCC
AGAGTTGTGTAGTTTGACTGAGCGGTACTTTGTCTCACCATTACAACAGTT
TCTGAGAGGAACTTAACATTTCGTTTTGTCCGAACTCTTCACTGTATTCCA
CCAAGAGTTTGGAGGCGGGGTTTGTATCAACGGATGAGGAGGTTCAAGAG
GCCG

该基因编码的氨基酸序列如下:

MVGHGCQHLTDFRLVLEPTAKSIVDLPLDDGIKLLLKGCRNLSKMAVYLRHG
GLTDRGMGYIGEYGHNLKWLLLGCTGETDIGLANLAYRAQRLQRLEIRDCPF
GEAGLAAAVVGMSSLKFLWVQGYRAVEAGQYLMALSRPYLNLEISLPSATQ
PGQLIAYYATVGPRSDYPADVRVLVANSDDHLPEDALPSELYSSGSTDG

(1)RcTIR1 蛋白理化性质分析

用 Protparam 在线工具预测 RcTIR1 蛋白的氨基酸数目为 204 个(见表
5-4),分子量为 22.20 kDa,理论等电点为 5.70;有 18 个氨基酸残基(Asp +
Lys)带正电荷,有 22 个氨基酸残基(Asp + Glu)带负电荷;不稳定系数为

32.85,小于阈值40,属于稳定型蛋白质;脂肪族系数为100.44,总亲水系数为-0.027。

表5-4 RcTIR1 蛋白的氨基酸组成

氨基酸名称	数目/个	百分率/%
Ala(A)	18	8.8
Asn(N)	5	2.5
Cys(C)	4	2.0
Glu(E)	9	4.4
Met(M)	5	2.5
Ser(S)	13	6.4
Tyr(Y)	11	5.4
Sec(U)	0	0.0
Arg(R)	12	5.9
Asp(D)	13	6.4
Gln(Q)	7	3.4
Gly(G)	22	10.8
Phe(F)	3	1.5
Thr(T)	8	3.9
Val(V)	12	5.9
His(H)	5	2.5
Ile(I)	7	3.4
Leu(L)	32	15.7
Lys(K)	6	2.9

续表

氨基酸名称	数目/个	百分率/%
Pro(P)	10	4.9
Trp(W)	2	1.0
Pyl(O)	0	0.0

（2）RcTIR 蛋白亲/疏水性分析

用 Protscale 在线工具预测 RcTIR 蛋白的亲/疏水性,结果表明该蛋白在 112 位置 Max＝2.078,疏水性最强,在 186 位置 Min＝－2.144,亲水性最强,说明该蛋白为亲水性蛋白,如图 5-8 所示。

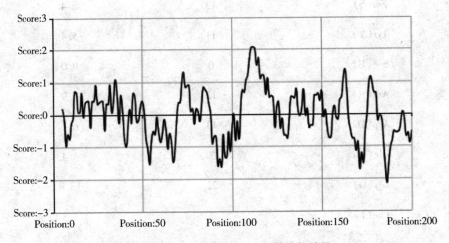

图 5-8　RcTIR1 蛋白亲/疏水性分析结果

（3）RcTIR1 蛋白跨膜结构域预测

用 TMHMM 软件对 RcTIR1 蛋白的跨膜结构域进行分析,结果显示 *RcTIR*1 基因编码的蛋白不含跨膜区,如图 5-9 所示。

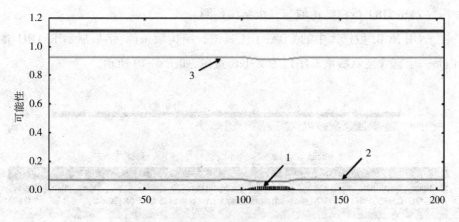

图 5-9　RcTIR1 蛋白跨膜结构域分析结果

注:1 为细胞膜;2 为细胞膜内;3 为细胞膜外。

(4)RcTIR1 蛋白信号肽预测

用 SignalP 4.1 在线工具预测 RcTIR1 蛋白的信号肽,当预测分数达到 0.500 时,表示该蛋白含有信号肽。RcTIR1 蛋白的最高阈值 $S = 0.155$,小于 0.500,说明该蛋白不含信号肽,不是分泌型蛋白。

(5)RcTIR1 蛋白亚细胞定位预测

用 PSORT Prediction 在线工具预测 RcTIR1 蛋白可能的亚细胞定位,结果显示:定位于叶绿体转运肽的可能性为 0.029;定位于线粒体导肽的可能性为 0.093;定位于信号肽的可能性为 0.080;定位于其他位置的可能性为 0.941。

(6)RcTIR1 蛋白二级结构预测

用 PORTER 在线工具预测 RcTIR1 蛋白的二级结构,结果如下:

CCCCCCCCCEEEEEEECCCCCCCCCCCCCHHHHHHHHCHHHHHHHHHHHH
CCCCHHHHHHHHHHHHHHHHHHEHHHHECCCCHHHHHHHHHCCCCCHCEEEE
CCCCCCHHHHHHHHCCHHHHHEHCCCCCHHHHHHHHHHHHCCCCCEEEE
CCCCCCCEEEEEEEECCCCCCCCCCCEEEEEECCCCCCCHHCCCCHCECCCC
CCC

其中 C 表示无规则卷曲,H 表示 α 螺旋,E 表示 β 折叠。α 螺旋总数为 80,占总数的 39.22%;β 折叠总数为 32,占总数的 15.69%;无规则卷曲总数为 92,占总数的 45.10%。

（7）RcTIR1 蛋白结构域与三级结构预测

运用 NCBI 数据库中的 CDART 工具进行结构域预测,结果显示 RcTIR1 蛋白是一个富含亮氨酸重复序列的 F-box 蛋白,如图 5-10 所示。

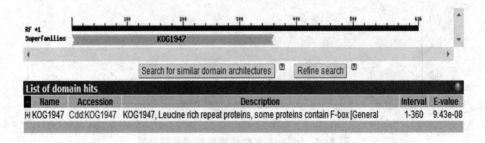

图 5-10　RcTIR1 蛋白结构域预测图

用 SWISS-MODEL 在线工具预测 RcTIR1 蛋白的三级结构,在 2~181 位置建模,结果如图 5-11 所示。

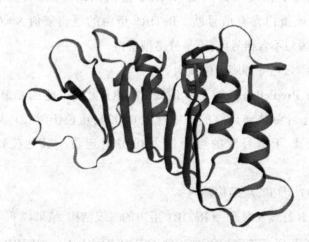

图 5-11　RcTIR1 蛋白三级结构预测图

5.5.3.3　*RcPP2C* 基因的生物信息学分析

RcPP2C 基因全长为 2 593 bp,ORF 为 1 131 bp,下划线为引物,全长序列如下:

CGCTTGCCCGCCATGGCAGAAGGCGAGAGCAGCGACGCCATAGCCGGCC
ATAGCCAGCCTCAATCAGTCGTTGCTCCCCCTTCCTTTGCTGCTCCTGGCT
CCGCCTCCCTCCCTTTTCATAGCCATGTCGGGATCACGGCTCTGGTAGGTA
CGTAGTGCCGTTTTCTTCTTCTTTGCTCCTCTCTCTAGCATTCCGTAAATGC
ACTTCATCCGCCCTCGCTCCCATTCCAGGGCGGCCTCTATTTATTCGTCTCT
CGAACCTCTCGTCGCGCTCACTTTTCCCTCTCCGGAATCCTTATTAGTCTG
GAGTTTTATCTCTCTTCTTTCCTCTCCCTCGGCATCTTGAATTTCATCTTGT
CAGGTGTGTAATCCTGCAGTCAAACGAAGCCTTGCTTGTCTATTGGAGCTG
GATGGGCTGTTGAAGAACTGAAGCCGAGTCACTTACGGAGACGACATGA
GCTGGAGCAAGCATGTCACCTGAATTGACTGCTACCTGCTGTTTCGTAATT
GATTGGAATCACGGGGTTGCTGACCAAGAAAGATTGAGGACGTGTTTTAA
CATAGGTTAGGAACGCAGCACATGTGTCATGCGGGTAGTTAGGGAATTTA
TGAAAAGAGCTGTTGGGGAAAATTATTGATGGGAGAG<u>GCAATGGGCGTTT</u>
<u>TCAGCG</u>ATGGAGGCTAAAGGAGAACCATTTGATTCAGGGGGTAAAGAAG
CTGTCCTTTGAAAGAATCACATTGAGATGCCTACCAAGGTGTTGATTGAAT
GAACTGCTGGGTTCCTGAGATGAGGAGATGAGAG**ATG**CTCGAGTGGTTCA
TGAAAATGGTAATGTCATGTTGGCGTCCTGTAAAGAGATACAGTCAGGGA
CAGGATGGGACAGATCGTCAAGATCCATTGCTGTGGGGCAAGGATCTTTG
CCCCCATGTCGTAGGGGATTTCTCTTATGCAGTTGTTCAGGCTAATGCGAT
TTTGGAAGATCTGAGCCAAGTCGAGACTGGTTCCTTCGGCACATTTGTGG
GTATCTATGATGGGCATGGGGGCCCTGAAGCTGCTCGTTGCATCAACGAG
TCGCTGTACAGTTTCGTTCAAAAAAAATGTTGCAGAGCAGGGAGGTATGTC
ATGTGACGTTTTGTGTAAAGCATTCAAGGAGACAGAGGATAGATTTTTGG
ATATCGTCCAGAAGGCATGGCCCATCAAACCGCAACTTGCCGCTGTCGGG
TCTTGTGTTTTGACGGGAGTCGTATGCAGTTCCAAACTGTACATTGCCAGT
CTCGGAGATTCTCGAGCAGTTTTGGGTAGCTACAGCCGGGACACTGGCAC
TGTGATTGCGAGACAAATTTCGAAAGAGCACAATGCAAGCATCGAGGAA
GTTCGGAATGACCTCTATGCGCAGCATGAAGACGATCCACAGATTGTGGT
CTTGAAACATGGCGTGTGGCGTGTGAAGGGCCTTATTCAAGTTTCACGTTC
AATTGGTGATTTTTATTTGAAGAAAGCCGAGTTCAACCGGCCACCTCTTAT
TGCCCGTTTTCGGCTTCCAGAGCCTCTCAAAAGACCTGTTATGAGTGCGGA
GCCGGAATGTAGTGTCATTACACTCACGCCACAAGATGAATTTGTCATTTT

TGCATCCGATGGTCTGTGGGAGCATCTGAGCAGCAAAGAAGCGGTTGACT
TCGTCTACAGTCATCCTCGGGCTGGGATTGCAAGGCGTCTTGTAAAAGCC
GCCCTTCAAGAAGCTGCCAAGAAGCGTGAGATGCGATACTCCGACCTTAA
GAGGATTGAGCGTGGGATACGACGGCATTTTCACGATGATATCACTGTCG
TCGTCGTCTATCTTGATCCTAAATTGCTCAACAAAGGTGGCAGTACTTCTG
CTCACGTGTCAGTGAAATGTCCTATCGACATGCCTAACTCTGACCGTCCTC
GTGGT**TAG**CGGACCTTAACATCGATCGACACGTGTTAGTACCTTATTACTG
GAATTCATTAGTCTACTGCAATCGAGATCGTTACGAGGGGAAGGT<u>GGATA
GACTACAGAGTGTGGGG</u>TTGTTCACTCACAACTGCAGGAATGCTTGAAGC
TGTCATTGTGTTATCTCTGGGACTCCATCGTGCTGAACTGGTTGTTTCCTGG
AAGAGTGCTTGCTAGATCACGCAAGGTGCCAATAGCGAAGTTGTATGTCT
CCATTGCTTCGAGCATTGATGTGGCTCTGCAGCAGCTGAAGCGAATAAGA
ACTGGAGTCGTTAGCTGGGTATACATTAGTATCTATTATTGTATTGCCTCC
CTCTTTGGATATGCCTCGAAGGTAATTTTGCAGATGTAGGCCCATGCTTGC
AGGATCATTGTCAACCGAACGTGTTCCAGCTGCATATGAGGTGTAGTGAC
CAAGGCCGTGAGTTGTTAATTTGTCGTTCTTGTGTTATGTTGACCACACGG
TTTCCTCTCTGTTAAAGCAAGCCAAGTGGGTATTAGGGTTGTTGCTGCGTA
GGAGCAGCAGTTGTGCGGTCGGTAAGCTGGATCTGCAATCTTTATTGAAC
ATGTGAACACTGGGTTCCTCCTCTGTTCAGATTTTATTTGTTGTATTGAATC
TTTGGGTCGATGCCGGAC

该基因编码的氨基酸序列如下：

MLEWFMKMVMSCWRPVKRYSQGQDGTDRQDPLLWGKDLCPHVVGDFSYA
VVQANAILEDLSQVETGSFGTFVGIYDGHGGPEAARCINESLYSFVQKNVAEQ
GGMSCDVLCKAFKETEDRFLDIVQKAWPIKPQLAAVGSCVLTGVVCSSKLYI
ASLGDSRAVLGSYSRDTGTVIARQISKEHNASIEEVRNDLYAQHEDDPQIVVL
KHGVWRVKGLIQVSRSIGDFYLKKAEFNRPPLIARFRLPEPLKRPVMSAEPEC
SVITLTPQDEFVIFASDGLWEHLSSKEAVDFVYSHPRAGIARRLVKAALQEAA
KKREMRYSDLKRIERGIRRHFHDDITVVVVYLDPKLLNKGGSTSAHVSVKCPI
DMPNSDRPRG

（1）RcPP2C 蛋白理化性质分析

用 Protparam 在线工具预测 RcPP2C 蛋白的氨基酸数目为 376 个（见表 5-5），分子量为 42.10 kDa，理论等电点为 8.01；有 49 个氨基酸残基（Asp+

Lys)带正电荷,有47个氨基酸残基(Asp+Glu)带负电荷;不稳定系数为46.45,大于阈值40,属于不稳定型蛋白质;脂肪族系数为86.81,总亲水系数为-0.253。

表5-5　RcPP2C蛋白的氨基酸组成

氨基酸名称	数目/个	百分率/%
Ala(A)	27	7.2
Asn(N)	8	2.1
Cys(C)	9	2.4
Glu(E)	22	5.9
Met(M)	8	2.1
Ser(S)	30	8.0
Tyr(Y)	11	2.9
Sec(U)	0	0.0
Arg(R)	26	6.9
Asp(D)	25	6.6
Gln(Q)	15	4.0
Gly(G)	26	6.9
Phe(F)	14	3.7
Thr(T)	11	2.9
Val(V)	36	9.6
His(H)	10	2.7
Ile(I)	20	5.3

续表

氨基酸名称	数目/个	百分率/%
Leu(L)	30	8.0
Lys(K)	23	6.1
Pro(P)	19	5.1
Trp(W)	6	1.6
Pyl(O)	0	0.0

（2）RcPP2C 蛋白亲/疏水性分析

用 Protscale 在线工具预测 RcPP2C 蛋白的亲/疏水性,结果表明该蛋白在 139 位置 Max＝2.322,有最强的疏水性,在 27 位置 Min＝-2.744,有最强的亲水性,说明该蛋白为亲水性蛋白,如图 5-12 所示。

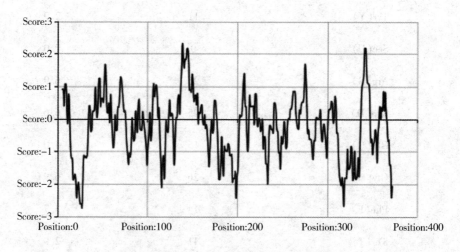

图 5-12　RcPP2C 蛋白亲/疏水性分析结果

（3）RcPP2C 蛋白跨膜结构域分析

用 TMHMM 软件对 RcPP2C 蛋白的跨膜结构域进行分析,结果显示该基因编码的蛋白不含跨膜区,如图 5-13 所示。

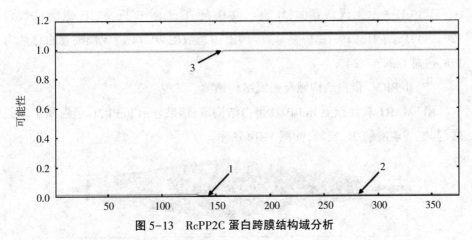

图 5-13　RcPP2C 蛋白跨膜结构域分析

注:1 为细胞膜;2 为细胞膜内;3 为细胞膜外。

(4)RcPP2C 蛋白信号肽预测

用 SignalP 4.1 在线工具预测 RcPP2C 蛋白的信号肽,当预测分数达到 0.500 时,表示该蛋白含有信号肽。RcPP2C 蛋白的最高阈值 $S = 0.356$,小于 0.500,说明该蛋白不含信号肽,不是分泌型蛋白。

(5)RcPP2C 蛋白亚细胞定位预测

用 PSORT Prediction 在线工具预测 RcPP2C 蛋白可能的亚细胞定位,结果表明该:该蛋白定位于叶绿体转运肽的可能性为 0.032;定位于线粒体导肽的可能性为 0.468;定位于信号肽的可能性为 0.034;定位于其他位置的可能性为 0.605。

(6)RcPP2C 蛋白二级结构预测

用 PORTER 在线工具预测 RcPP2C 蛋白二级结构,结果如下:

CHHHHHHHHHHHHCCCCCCCCCCCCCCCCCCCEEEECCCHHCCCEEEEE
CCCCCHHHCCCCCCCCCEEEEEEECCCCCHHHHHHHHHHHHHHHHHHHCC
CCCCHHHHHHHHHHHHHHHHHHHHHHCCCCCCCCCCCEEEEEEEECCE
EEEEECCCCEEEEECCCCCCEEEEEEECCCCCCHHHHHHHHHHCCCCC
EEEEECCCCEECEEEHHHCCCCCCCCCCCCCCHHCCCCCCCCCCCEEE
CCCCEEEEECCCCEEEEECCCHHCCHHHHHHHCCCCHHHHHH
HHHHHHHCCCHHHHHHHHHHHHHHCCCCCEEEEEEECCCHHCCCCC
CCCCCCCCCCCCCCCCCCC

其中 C 表示无规则卷曲,H 表示 α 螺旋,E 表示 β 折叠。α 螺旋总数为 120,占总数的 31.91%;β 折叠总数为 78,占总数的 20.74%;无规则卷曲总数为 178,占总数的 47.34%。

(7)RcPP2C 蛋白结构域及三级结构预测

用 SMART 软件预测 RcPP2C 蛋白结构域,结果显示 RcPP2C 蛋白属于丝氨酸/苏氨酸磷酸酶 2C 家族,如图 5-14 所示。

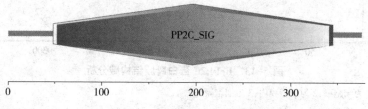

图 5-14 RcPP2C 蛋白结构域预测图

用 SWISS-MODEL 在线工具预测 RcPP2C 蛋白三级结构,在 51~354 位置建模,结果如图 5-15 所示。

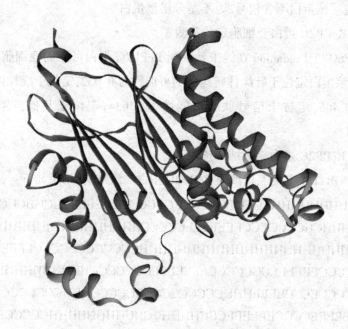

图 5-15 RcPP2C 蛋白三级结构预测图

5.5.4 砂藓 *RcHK*、*RcTIR*1 和 *RcPP2C* 基因的表达分析

运用 qRT-PCR 对 *RcHK* 基因在快速脱水处理及复水处理不同时间下的表达量进行研究。结果表明,在快速脱水和复水过程中,*RcHK* 基因在各个时间点的表达量均高于对照。如图 5-16(a)所示:在快速脱水过程中,*RcHK* 基因的表达量在 1 h 时达到最大值,是对照的 7.0 倍;在 4 h 时稍有下降,是对照的 6.2 倍;随着脱水时间的延长,表达量有所下降,长期干旱情况下 *RcHK* 基因的表达量是对照的 1.5 倍。如图 5-16(b)所示:*RcHK* 基因的表达量在复水 3 d 时达到最大值,是对照的 17.2 倍;在 4 d 时有所下降,是对照的 3.5 倍;5 d 时,*RcHK* 基因的表达量与对照差别不显著,是对照的 1.2 倍。*RcHK* 基因在快速脱水和复水过程均存在差异性表达,说明 *RcHK* 基因参与砂藓的干旱胁迫响应。

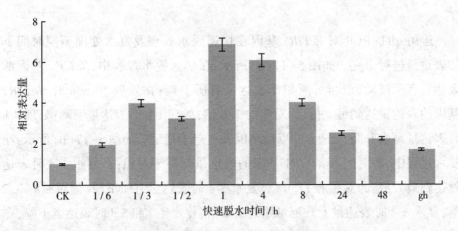

(a)快速脱水过程中 *RcHK* 基因的表达情况

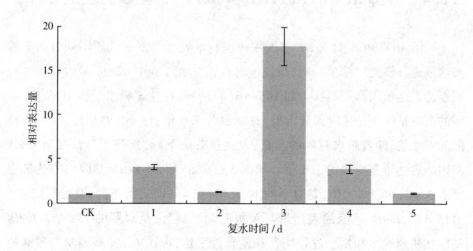

（b）复水过程中 *RcHK* 基因的表达情况

图 5-16　砂藓 *RcHK* 基因在快速脱水及复水过程中的表达分析

注：CK 为正常生长的材料；gh 为自然晾干 2 年的材料。

运用 qRT-PCR 对 *RcTIR*1 基因在快速脱水处理及复水处理不同时间下的表达量进行研究。如图 5-17（a）所示：在快速脱水过程中，*RcTIR*1 基因的表达量有所波动，但与对照相比表达量有所上调；在处理 30 min 时，*RcTIR*1 基因的表达量达到最大值，为对照的 7.0 倍；处理 1 h 时表达量下降；处理 4 h 时表达量再次升高；处理 8 h 以后基因表达趋于稳定。如图 5-17（b）所示：在复水过程中，各时间点 *RcTIR*1 基因的表达量都高于对照；在复水 1 d 时表达量达到最大值，为对照的 17.0 倍；复水 2 d 时表达量有所下降，为对照的 7.2 倍；复水 3 d 时表达量上升至对照的 9.0 倍；复水 4 d 和 5 d 时表达量下降，在处理 5 d 时基因的表达量与对照差别不显著，是对照的 1.4 倍。*RcTIR*1 基因在快速脱水和复水过程中均存在差异性表达，说明 *RcTIR*1 基因参与砂藓的干旱胁迫响应。

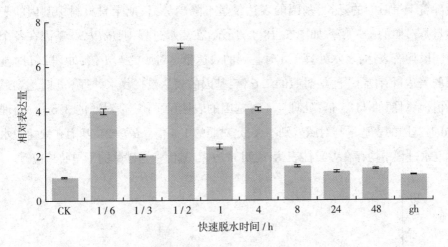

（a）快速脱水过程中 *RcTIR*1 基因的表达情况

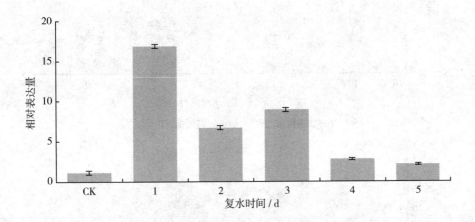

（b）复水过程中 *RcTIR*1 基因的表达情况

图 5-17　砂藓 *RcTIR*1 基因在快速脱水及复水过程中的表达分析

注:CK 为正常生长的材料;gh 为自然晾干 2 年的材料。

　　运用 qRT-PCR 对 *RcPP2C* 基因在快速脱水处理及复水处理不同时间下的表达量进行研究。如图 5-18（a）所示:在快速脱水过程中,处理 10 min 时 *RcPP2C* 基因的表达量是对照的 3.6 倍;处理 20 min、30 min、1 h 时基因的表达量相差不大,分别是对照的 1.6 倍、1.8 倍、1.9 倍;处理 4 h 时基因的表达量有所升高,是对照的 3 倍;处理 8 h 时基因的表达量达到最大值,是对照的 8 倍;而后随着干旱时间的延长,基因的表达量呈下降趋势,长期干旱材料中基因的表达量是对照的1.8倍。如图5-18(b)所示:在复水过程中,*RcPP2C*基因在各个时间段均有表达;复水处理1 d时基因的表达量是对照的5.4倍;处理2 d时基因的表达量有所下降,是对照的2.6倍;基因的表达量在复水处理3 d时达到最大值,是对照的11.5倍;处理4 d时基因的表达量下降,是对照的3.6倍;处理5 d时基因的表达量与对照差别不大,是对照的1.4倍。*RcPP2C*基因在快速脱水和复水过程中均存在差异性表达,说明*RcPP2C*基因参与砂藓的干旱胁迫应答。

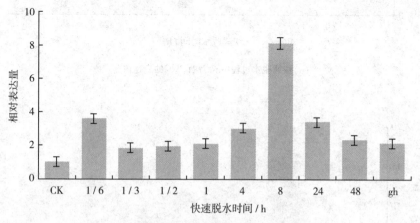

(a)快速脱水过程中*RcPP2C*基因的表达情况

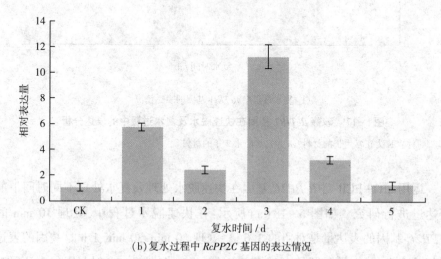

(b)复水过程中*RcPP2C*基因的表达情况

图 5-18　砂藓 *RcPP2C* 基因在快速脱水及复水过程中的表达分析

注:CK 为正常生长的材料;gh 为自然晾干 2 年的材料。

5.5.5　植物表达载体的构建

5.5.5.1　重组质粒的鉴定

挑取阳性克隆进行双酶切,采用1%琼脂糖凝胶电泳检测,结果显示出现2条条带,如图5-19所示。以大片段为载体,以小片段为目的片段,对鉴定成功的重组质粒进行测序,测序结果显示得到长度分别为 1 067 bp、789 bp、1 389 bp 的片段。对筛选后的菌液进行测序,结果与预期结果一致,且测序结果与原序列比对一致,说明表达载体构建成功。

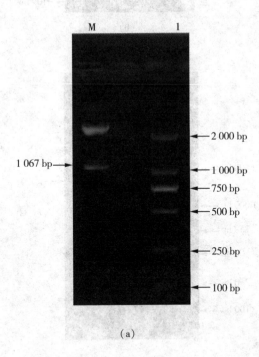

(a)

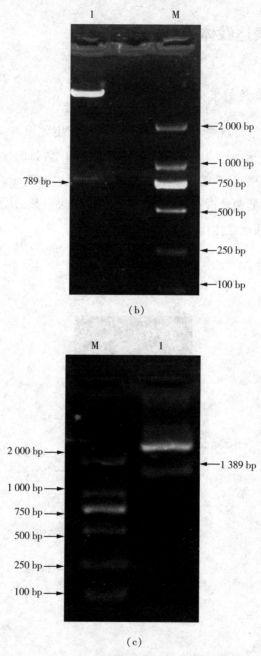

(b)

(c)

图5-19 重组质粒双酶切产物电泳图

注:图(a)中1为 *RcHK* 基因,M 为 DL 2000 DNA Marker;图(b)中1为 *RcTIR*1 基因,M 为 DL 2000 DNA Marker;图(c)中1为 *RcPP2C* 基因,M 为 DL 2000 DNA Marker。

5.5.5.2　农杆菌转化子的鉴定

挑取阳性克隆,提取质粒,进行 PCR 鉴定,通过电泳检测分别得到 1 000 bp、750 bp 和 1 300 bp 左右(1 067 bp、789 bp、1 389 bp)的特异性条带,与预期结果一致,说明农杆菌转化成功,如图 5-20 所示。

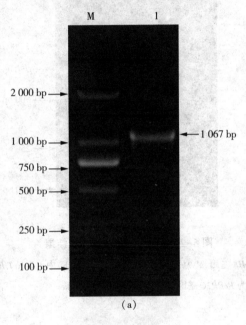

(a)

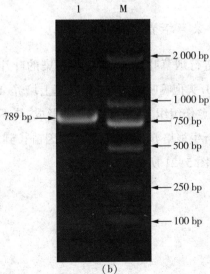

(b)

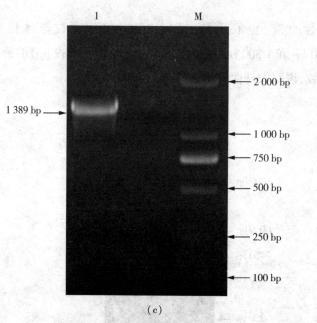

（c）

图 5-20　PCR 产物电泳分析结果

注:图(a)中 1 为 *RcHK* 基因,M 为 DL 2000 DNA Marker;图(b)中 1 为 *RcTIR*1 基因,M 为 DL 2000 DNA Marker;图(c)中 1 为 *RcPP2C* 基因,M 为 DL 2000 DNA Marker。

5.5.5.3　烟草的侵染与培养

采用叶盘转化法进行烟草叶片的转化,将侵染的叶片放在含有 50 mg/mL 卡那霉素和 400 mg/mL 头孢噻呋钠的 MS 培养基上培养,15 d 左右会分化出愈伤组织,约 1 个月以后愈伤组织上开始有不定芽形成,待不定芽长到 1~2 cm 时移至生根培养基上进行生根培养,待生根的转基因苗长到 7~8 cm 时将其移栽到灭过菌的土壤中,如图 5-21 所示。

(a)愈伤组织

(b)转基因烟草不定芽

(c)转基因烟草生根培养

(d)转基因烟草植株

图5-21　转基因烟草的培养

5.5.5.4　转基因烟草的 DNA 提取

由图5-22可知,对提取的 DNA 进行1%琼脂糖凝胶电泳检测,结果显示条带清晰,质量较好,可以进行下一步的实验。

图5-22　转基因烟草 DNA 电泳图

5.5.5.5　转基因烟草的鉴定

由图 5-23 可知,对转基因烟草植株进行基因组 PCR 鉴定,分别得到大小约为 1 000 bp、750 bp 和 1 300 bp(1 067 bp、789 bp、1 389 bp)的特异性片段,与预期大小一致,初步证明 *RcHK*、*RcTIR*1 及 *RcPP2C* 基因已成功整合到烟草基因组中。

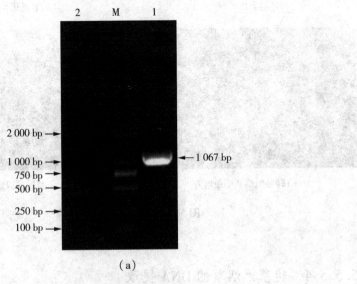

(a)

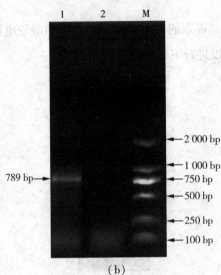

(b)

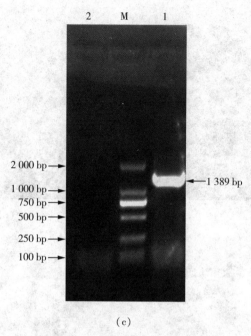

（c）

图 5-23　转基因烟草的 PCR 鉴定

注：图（a）中 1 为转 *RcHK* 基因烟草，2 为野生型烟草，M 为 DL 2000 DNA Marker；图（b）中 1 为转 *RcTIR*1 基因烟草，2 为野生型烟草，M 为 DL 2000 DNA Marker；图（c）中 1 为转 *RcPP2C* 基因烟草，2 为野生型烟草，M 为 DL 2000 DNA Marker。

5.5.6　转基因烟草的抗旱性分析

5.5.6.1　脱水胁迫条件下烟草的表型变化

遭受脱水胁迫前，各株系烟草植株没有明显的表型差异，生长发育正常，叶色、株高等方面差别不大，如图 5-24（a）、（d）、（g）所示；遭受脱水胁迫后，野生型植株萎蔫严重，转基因植株受干旱影响相对较小，如图 5-24（b）、（e）、（h）所示；复水后，转基因植株恢复正常生长而野生型植株并没有恢复，如图 5-24（c）、（f）、（i）所示。其中图 5-24（a）、（b）、（c）为转 *RcHK* 基因烟草与野生型烟草；图 5-24（d）、（e）、（f）为转 *RcTIR*1 基因烟草与野生型烟草；图 5-24（g）、（h）、（i）为转 *RcPP2C* 基因烟草与野生型烟草；各图左侧为野生型烟草，右侧为转基因烟草。

(a)

(b)

(c)

(d)

(e)

(f)

图 5-24　转基因烟草与野生型烟草在脱水胁迫及复水条件下的表型变化

5.5.6.2　脱水胁迫条件下烟草生理指标的变化

如图 5-25 所示,野生型、转基因烟草的相对叶绿素含量随着脱水胁迫时间的延长呈先上升再下降的趋势。相对叶绿素含量在干旱 2~6 d 时呈上升趋势是因为水分减少;在干旱后期,细胞受到脱水胁迫的影响,导致叶绿素含量下降;在干旱 10 d 时,野生型烟草、转 *RcHK* 基因烟草、转 *RcTIR*1 基因烟草、转 *RcPP*2C 基因烟草的相对叶绿素含量分别降至处理前的 46.1%、80.0%、64.1% 和 78.8%,转基因烟草的相对叶绿素含量与野生型相比受脱水胁迫影响较小,叶绿素含量保持在较高水平。

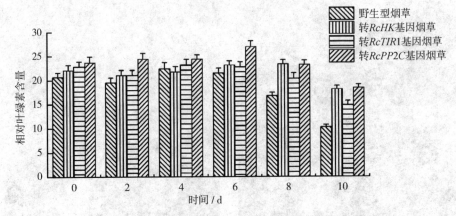

图 5-25　脱水胁迫对烟草相对叶绿素含量的影响

如图 5-26 所示,脱水胁迫下转基因烟草和野生型烟草叶片的脯氨酸含量都随着处理时间的延长不断上升,转基因烟草的上升幅度明显高于野生型烟草,处理 10 d 时转 *RcHK*、*RcTIR*1、*RcPP*2*C* 基因烟草叶片的脯氨酸含量分别是非胁迫下的 2.40 倍、3.87 倍和 2.56 倍,而野生型烟草的脯氨酸含量仅为非胁迫下的 1.47 倍。

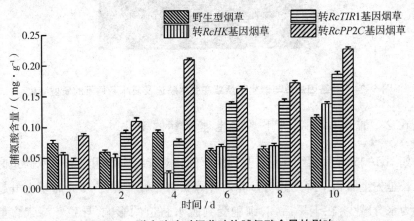

图 5-26　脱水胁迫对烟草叶片脯氨酸含量的影响

如图 5-27 所示:脱水胁迫下转基因烟草和野生型烟草叶片的可溶性蛋白含量呈先上升再下降的趋势,在 6 d 时达到峰值;与野生型烟草相比,转基因烟草叶片的可溶性蛋白含量较高。

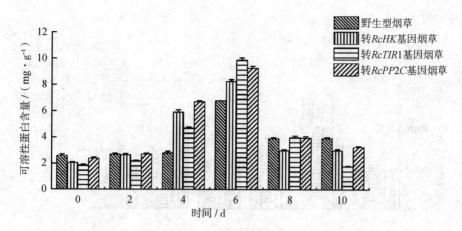

图 5-27　脱水胁迫对烟草叶片可溶性蛋白含量的影响

如图 5-28 所示,脱水胁迫下转基因烟草和野生型烟草叶片的可溶性糖含量均呈上升趋势,且转基因烟草比野生型含量高,10 d 时转 *RcHK*、*RcTIR*1、*RcPP2C* 基因烟草叶片的可溶性糖含量分别为非胁迫下的 2.79、4.00、2.68 倍,野生型烟草叶片的可溶性糖含量为非胁迫下的 2.30 倍。

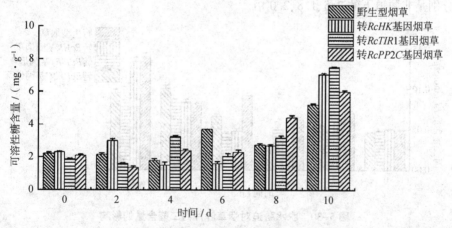

图 5-28　脱水胁迫对烟草叶片可溶性糖含量的影响

如图 5-29 所示:脱水胁迫下转基因烟草和野生型烟草叶片的过氧化物酶活力呈先上升后下降的趋势,且野生型烟草低于转基因烟草;转基因烟草在 2 d 时达到峰值,野生型烟草在 8 d 时达到峰值;野生型烟草叶片的过氧化物酶活力在 10 d 时与非胁迫时相比差别不大,转基因烟草在 10 d 时高于非胁迫时。

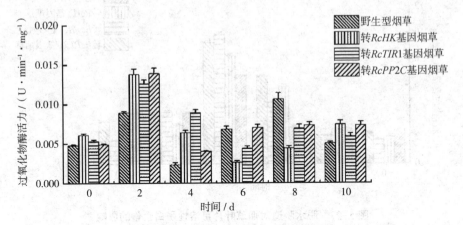

图 5-29　脱水胁迫对烟草叶片过氧化物酶活力的影响

如图 5-30 所示,脱水胁迫下转基因烟草和野生型烟草叶片的丙二醛含量呈上升趋势,且野生型烟草高于转基因烟草,10 d 时,野生型烟草叶片的丙二醛含量是非胁迫下的 2.7 倍,转 *RcHK* 基因、转 *RcTIR*1 基因、转 *RcPP2C* 基因烟草分别是非胁迫下的 2.5、1.8、2.0 倍。

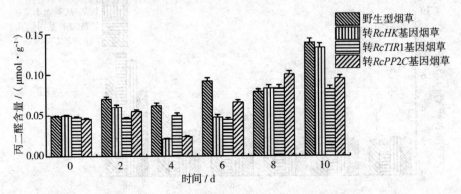

图 5-30　脱水胁迫对烟草叶片丙二醛含量的影响

5.6　讨论

有研究表明,拟南芥 AHK1 在干旱与盐胁迫下作为细胞分裂素受体参与脱落酸信号转导通路,AHK2、AHK3 和 AHK5 参与拟南芥的低温胁迫响应。AHK5

通过调节活性氧和激素水平来响应生物及非生物胁迫。在干旱条件下,HK 可以作为渗透感受器,将外界的干旱信号跨膜传递到细胞内,触发第二信使(Ca^{2+}、活性氧等)传递信息,激活相应的转录因子诱导特定的基因表达,胁迫响应基因的表达又会促进脱落酸、乙烯、水杨酸等植物激素的形成,进一步放大逆境信号,调节细胞生理生化作用,使植物适应脱水胁迫。对于植物抗旱性与内源激素相关性的研究表明,植物为了适应干旱环境,会通过降低吲哚乙酸这类激素的含量使植株生长速率减慢,减少水分的消耗。生长素通过促进转录抑制因子 AUX/IAA 泛素化降解来调控植物生长发育的各个方面。近年来的研究显示,TIR1 可能参与植物的逆境胁迫响应。侧根决定植物吸收水分和养分的能力,*TIR*1 基因表达量增加会增强植物的生长素敏感性,加速降解 AUX/IAA 蛋白,从而释放 ARF 激活参与侧根生长相关基因的表达。用水杨酸处理 *TIR*1 突变体及 *afb*2 突变体可以增强某发病相关基因的转录,证明 TIR1 与植物的抗病性相关。有研究表明,TIR1/AFB 生长素响应因子通过调控基因的表达参与植物防御氧化胁迫与盐胁迫。PP2C 参与植物的脱落酸信号转导,脱落酸又参与植物脱水胁迫的信号转导。Komatsu 等人发现,A 组 PP2C 蛋白参与陆生植物的抗旱胁迫响应。他们从玉米中分离得到蛋白磷酸酶 2C 基因 *ZmPP2C*,通过研究发现该基因在根、茎、叶和种子中都有表达,并响应低温胁迫,而且过表达该基因可提高转基因烟草植株对干旱、低温和盐渍的抗性。有研究人员将鸢尾蛋白磷酸酶 2C 基因命名为 *IrisPP2C1*,通过研究发现过表达该基因可以提高转基因拟南芥对脱落酸的敏感性,说明该基因在脱落酸信号调控过程中起到正调控作用。有研究表明,小立碗藓 PP2C 介导脱落酸信号转导,参与非生物胁迫响应和发育调控。另有研究表明,PP2C5 作为一种 MAPK 磷酸酶积极调控种子发芽、气孔关闭以及脱落酸诱导的基因表达。有研究者研究了短柄草的 2C 型蛋白,发现 *BdPP2C* 基因的表达受脱落酸、乙烯和过氧化氢的诱导,并在高盐和低温胁迫下存在差异性表达,表明该基因参与植物的非生物胁迫,而且可能受相关信号分子调控。

本章运用 qRT-PCR 对砂藓 *RcHK*、*RcTIR*1、*RcPP2C* 基因在快速脱水和复水过程中的表达模式进行了检测,分析结果显示,在快速脱水和复水过程中,这 3 种基因均存在差异性表达。本章初步证明砂藓 *RcHK*、*RcTIR*1、*RcPP2C* 基因的表达受脱水胁迫诱导。

植物遭受脱水胁迫后,其表型、生理生化指标(包括光合作用、呼吸作用、渗透调节、激素调节、保护系统等)、分子生物学相关指标(包括信号的响应及转导等)均会发生变化。

脱水胁迫对植物表型最明显的影响就是使其萎蔫。水分不足时,植物的叶片和嫩茎会萎蔫,蒸腾作用下降,复水时有些植物可以恢复,有些不可以恢复,不可以恢复的植物是因为其原生质发生了严重脱水。本章对野生型烟草和转基因烟草进行脱水胁迫处理,发现转基因植株比野生型萎蔫程度小,干旱 10 d 后复水,野生型叶片不能恢复而转基因烟草可以恢复正常,这说明转基因植株受脱水胁迫影响较小。

脱水胁迫会使植物的光合作用减弱、光合速率降低,脱水胁迫可以直接对植物的光合器官产生影响,会改变叶绿体的形态结构,使叶绿素含量下降。郭小珍对番茄和蜀葵幼苗在脱水胁迫下的叶绿素含量进行测量,发现脱水胁迫会导致其叶绿素含量降低。黄承建等人研究了苎麻叶绿素含量受脱水胁迫的影响,结果表明脱水胁迫使苎麻的叶绿素含量下降。李芬等人研究了脱水胁迫对玉米叶片叶绿素含量的影响,结果表明随着脱水处理时间的延长,叶绿素含量显著下降。潘昕等人研究了 2 种速生树种叶绿素含量在脱水胁迫下的变化,结果表明其叶绿素含量随着脱水时间的延长逐渐降低。本章中,烟草叶片的叶绿素含量在脱水处理 2~6 d 时呈上升趋势,这是因为水分减少使相对叶绿素含量上升;脱水处理后期,细胞受到脱水胁迫的影响导致叶绿素含量下降;脱水处理 10 d 时,3 种转基因烟草叶片的叶绿素含量均高于野生型,说明转基因植株受脱水胁迫影响较小。

在脱水胁迫下,植物进行渗透调节可以降低渗透势,维持细胞膨压,从外界吸收水分,使植株的生理活动正常进行。渗透调节是一个重要的调节机制。在响应干旱的过程中,植物通过吸收外界的小分子或自身合成有机溶质而适应脱水胁迫,促进细胞吸收水分,维持正常的代谢。渗透调节物质在细胞中的含量是衡量植物抗旱性的指标之一。脯氨酸是最重要、有效的渗透调节物质。脱水胁迫会导致植物的脯氨酸含量成倍积累。外源脯氨酸也可以减轻植物的渗透胁迫。脯氨酸作为渗透调节物质,可以保持原生质与环境的渗透平衡。脯氨酸还可以与蛋白质相互作用,提高蛋白质的可溶性或减少可溶性蛋白的沉淀,增强蛋白质的水合作用,从而保持细胞膜结构的完整性。周芳等人研究了木薯叶片脯氨酸含量在脱水胁迫下的变化,结果表明干旱锻炼的木薯叶片中脯氨酸含量高于对照。李波等人研究了干旱程度与苜蓿脯氨酸含量的关系,发现苜蓿幼苗为了适应脱水胁迫会累积脯氨酸。本章中,在脱水胁迫下,转基因烟草和野生型烟草中的脯氨酸含量都随着处理时间的延长不断上升,转基因烟草的上升幅度明显大于野生型烟草,这说明转基因植株比野生型植株更耐旱。

可溶性糖也是渗透调节物质之一,包括蔗糖、果糖、海藻糖、半乳糖、果聚糖等。在干旱条件下,植物细胞大量积累可溶性糖,其含量会随着干旱程度的增强而上升,从而降低细胞渗透势并维持蛋白质稳定,维持正常生理功能。在逆境胁迫过程中,蔗糖可以作为渗透保护物质和能量储备物质;液泡膜上的果聚糖对生物膜起到保护作用,例如在脱水胁迫下,果聚糖的一部分糖链插入生物膜阻止离子的渗透从而稳定生物膜。刘仁建等人研究了青稞叶片可溶性糖含量与脱水胁迫的关系,结果表明遭受脱水胁迫时,青稞叶片的可溶性糖含量会显著升高。史玉炜等人研究了刚毛柽柳可溶性糖含量在脱水胁迫下的变化,结果表明可溶性糖含量的升高可以提高刚毛柽柳的抗旱性。本章中,随着脱水胁迫时间的延长,转基因烟草和野生型烟草叶片的可溶性糖含量均上升,且转基因烟草比野生型烟草含量高,说明转基因植株合成的可溶性糖更多,更能应对脱水胁迫。

可溶性蛋白一部分是调节代谢的酶,还有一部分充当脱水保护剂,提高植物组织束缚水含量,因此可溶性蛋白含量增加可以增强植物的抗旱性。袁有波等人研究了脱水胁迫对烤烟叶片可溶性蛋白含量的影响,结果表明其可溶性蛋白含量先升高后降低。还有研究表明,在脱水胁迫下,苜蓿叶片可溶性蛋白含量的变化与干旱强度有直接关系,随着脱水胁迫强度的增加,某些可溶性蛋白含量变化的幅度表现为先增大后减小。本章中,在脱水胁迫下,转基因烟草和野生型烟草叶片的可溶性蛋白含量呈先上升再下降的趋势,在 6 d 时达到峰值,且与野生型烟草相比,转基因烟草叶片的可溶性蛋白含量较高;可溶性蛋白含量在 6 d 以后呈下降趋势可能是由于植物适应了脱水胁迫;转基因烟草叶片的可溶性蛋白含量高于野生型烟草,说明转基因植株对脱水胁迫的适应性更强。

丙二醛含量可以作为衡量细胞遭受胁迫严重程度的指标之一。丙二醛含量升高的主要伤害是导致膜脂过氧化,损伤生物膜结构(主要是细胞质膜),使细胞膜结构和功能受到损伤,改变膜的通透性,影响细胞对不同离子的吸收及活性氧代谢的平衡,从而影响植物正常的代谢过程。丙二醛含量大量升高表明细胞受到了严重损害。丁玉梅等人对马铃薯丙二醛含量在脱水胁迫下的变化进行研究,结果表明在脱水胁迫下,其丙二醛含量呈上升趋势。本章中,在脱水胁迫下,转基因烟草和野生型烟草叶片的丙二醛含量呈上升趋势,且野生型烟草高于转基因烟草,说明野生型植株受干旱影响更大。

脱水胁迫会使植物细胞内的电子传递和能量合成受阻,导致活性氧增加,氧自由基会导致膜脂过氧化,破坏生物膜系统的稳定性,使线粒体、叶绿体的细胞器功能受损,导致生物活性物质(如蛋白质、核酸)的结构遭到破坏。过氧化物酶能够催化活性氧的分解,有助于减少活性氧对细胞膜的损害。张仁和等人研究了玉米幼苗过氧化物酶活力在脱水胁迫下的变化,结果表明过氧化物酶活力呈先升高后降低的趋势。梁新华等人的研究表明,光果甘草的过氧化物酶活力在脱水胁迫下先升高后降低,脱水胁迫下仍具有较强的保护酶活力是其抗旱的重要生理原因。本章中,在脱水胁迫下,转基因烟草和野生型烟草的过氧化物酶活力呈先上升后下降的趋势,且野生型烟草低于转基因烟草,说明转基因植株可以产生更多的过氧化物酶从而减少干旱对植株的损害。

5.7　本章小结

①本章用生物信息学软件及在线工具对 *RcHK*、*RcTIR*1 和 *RcPP2C* 基因的基本理化性质进行分析,对其编码蛋白的二级结构、三级结构、跨膜结构域、亲/疏水性、信号肽位点等进行预测。

②本章通过 qRT-PCR 初步证明 *RcHK*、*RcTIR*1 和 *RcPP2C* 基因的表达受脱水胁迫诱导。

③本章用限制性内切酶将 pMD-RcHK、pMD-RcTIR1 和 pMD-RcPP2C 以及表达载体 pRI101-AN 进行双酶切,将酶切产物以 T_4 DNA 连接酶进行连接,成功构建了表达载体 pRI-*RcHK*、pRI-*RcTIR*1 和 pRI-*RcPP2C*,采用冻融法将其转化到农杆菌感受态细胞中,通过 PCR 鉴定证明重组质粒均已整合到

农杆菌中。

④本章用含有目的基因的农杆菌侵染烟草,通过 PCR 鉴定证明获得了转基因植株。

⑤本章对野生型烟草及 T_1 代转基因烟草进行脱水胁迫处理,测定了其相对叶绿素含量、脯氨酸含量、丙二醛含量、可溶性蛋白含量、可溶性糖含量、过氧化物酶活力的变化,初步认为转基因烟草比野生型烟草的抗旱性强。

参考文献

［1］ GOFFINET B, SHAW A J. Bryophyte biology［M］. 2nd ed. Cambridge：Cambridge university press,2009.

［2］ 曹同,高谦,付星,等.苔藓植物的生物多样性及其保护［J］.生态学杂志,1997,16(2):47-52,72.

［3］ 曹同,朱瑞良,郭水良,等.中国首批濒危苔藓植物红色名录简报［J］.植物研究,2006,26(6):756-762.

［4］ 吴鹏程.苔藓植物生物学［M］.北京:科学出版社,1998.

［5］ 吴玉环,程佳强,冯虎元,等.耐旱藓类的抗旱生理及其机理研究［J］.中国沙漠,2004,24(1):23-29.

［6］ BEWLEY J D. Desiccation and protein synthesis in the moss *Tortula ruralis*［J］. Canadian journal of botany,2011,51(1):203-206.

［7］ OLIVER M J, BEWLEY J D. Desiccation - tolerance of plant tissues: a mechanistic overview［J］. Horticultural reviews,2010,18:171-213.

［8］ OLIVER M J, VELTEN J, WOOD A J. Bryophytes as experimental models for the study of environmental stress tolerance: *Tortula ruralis* and desiccation - tolerance in mosses［J］. Plant ecology,2000,151(1):73-84.

［9］ 黎兴江.中国苔藓志:第3卷［M］.北京:科学出版社,2000.

［10］ 周甜甜.几种藓类植物配子体再生体系的建立［D］.曲阜:曲阜师范大学,2009.

［11］ HOHE A, RESKI R. From axenic spore germination to molecular farming. One century of bryophyte *in vitro* culture［J］. Plant cell reports,2005,23(8):513-521.

［12］ ALLSOPP A. Controlled differentiation in cultures of two liverworts［J］. Nature,1957,179:681-682.

［13］ OHTA Y, HIROSE Y. Induction and characteristics of cultured cells from some liverworts of Jungermanniales［J］. Journal-hattori botanical laboratory,1982,53:239-244.

［14］ OHTA Y, KATOH K, MIYAKE K. Establishment and growth characteristics of a cell suspension culture of *Marchantia polymorpha* L. with high chlorophyll content［J］. Planta,1977,136(3):229-232.

[15] 于传梅.五种苔藓植物的组织培养[D].上海:华东师范大学,2007.

[16] SCHNEPF E,REINHARD C. Brachycytes in funaria protonemate:induction by abscisic acid and fine structure[J]. Journal of plant physiology,1997,151 (2):166-175.

[17] CHRISTIANSON M L. ABA prevents the second cytokinin-mediated event during the induction of shoot buds in the moss *Funaria hygrometrica*[J]. American journal of botany,2000,87(10):1540-1545.

[18] BOPP M,KNOOP B. Cell culture and somatic cell genetics of plants[M]. London:Academic press,1984.

[19] DECKER E L,FRANK W,SARNIGHAUSEN E,et al. Moss systems biology en route:phytohormones in *Physcomitrella* development[J]. Plant biology, 2006,8(3):397-405.

[20] CVETIĆ T,SABOVLJEVIĆ A,SABOVLJEVIĆ M,et al. Development of moss *Pogonatum urnigerum*(Hedw.) P. Beauv. under *in vitro* culture conditions [J]. Archives of biological sciences,2007,59(1):57-61.

[21] DUCKETT J G,BURCH J,FLETCHER P W,et al. *In vitro* cultivation of bryophytes:a review of practicalities,problems,progress and promise[J]. Journal of bryology,2004,26(1):3-20.

[22] 包文美,陈发生.葫芦藓的培养观察[J].生物学通报,1965(5):4-9.

[23] 包文美,陈发生.地钱的培养与观察[J].生物学通报,1982(1):19-22.

[24] 包文美,陈发生.葫芦藓的培养及生活史的观察[J].生物学通报,1983 (2):8-10.

[25] 高谦,张钺.中国藓类植物孢子萌发和原丝体发育的初步研究[J].武汉植物学研究,1986(2):123-133.

[26] 张钺.白齿泥炭藓孢子萌发和原丝体发育的观察[J].生物学通报,1986 (2):11-13.

[27] 陈蓉蓉,刘宁,杨松,等.Ca²⁺浓度对黔灵山喀斯特生境中几种苔藓植物生长的影响[J].贵州师范大学学报(自然科学版),1998(1):6-9.

[28] 包文美,曹建国.泥炭藓及其孢子萌发和有性生殖[J].生物学通报,2001, 36(1):8-10.

[29] 赵建成,李秀芹,张慧中.十种藓类植物孢子萌发与原丝体发育的初步研究[J].干旱区研究,2002,19(1):32-38.

[30] 范庆书.藓类植物孢子萌发与原丝体发育研究[D].石家庄:河北师范大学,2004.

[31] 刘保东,丛迎芝.波叶仙鹤藓的孢子培养及发育生物学研究[J].植物研究,2003,23(2):159-163.

[32] 李敏,范庆书,黄士良,等.大帽藓(*Encalypta ciliata* Hedw.)原丝体发育特征的实验研究[J].武汉植物学研究,2005,23(1):58-62.

[33] 衣艳君,强胜.五种藓类植物的孢子萌发与原丝体发育[J].植物学通报,2005,22(6):708-714.

[34] 魏华,李菁,陈军,等.尖叶拟船叶藓原丝体发育特征研究[J].武汉植物学研究,2007,25(2):169-173.

[35] 于淑玲.短叶扭口藓原丝体发育特征的实验研究[J].华中师范大学学报(自然科学版),2008,40(3):440-443.

[36] 黄士良.侧蒴藓类植物孢子萌发与原丝体发育研究[D].石家庄:河北师范大学,2009.

[37] 吴小凤,胡若洋,李学东.仙鹤藓的孢子萌发及愈伤组织诱导[J].植物学报,2013,48(6):651-657.

[38] 高永超,沙伟,张晗.不同植物生长物质对牛角藓愈伤组织诱导的影响[J].植物生理学通讯,2003,39(1):29-32.

[39] 高永超,薛红,沙伟.蔗糖对牛角藓愈伤组织悬浮细胞的生理学影响[J].广西植物,2003,23(5):464-469.

[40] 潘一廷,施定基,杨明丽,等.小立碗藓愈伤组织诱导和培养[J].植物生理学通讯,2005,41(3):293-296.

[41] 李晓毓,吴翠珍,熊源新,等.尖叶匍灯藓的组织培养及显微观察[J].山地农业生物学报,2006,25(3):217-222.

[42] 陈静文.苔藓植物的组织培养——小立碗藓、真藓、小蛇苔[D].上海:上海师范大学,2006.

[43] 付素静.五种观赏藓类植物的配子体发生与组织培养[D].南京:南京林业大学,2007.

[44] 张伟,李筝,曹振,等.红蒴立碗藓愈伤组织的诱导和植株再生[J].植物生理学通讯,2009,45(9):889.

[45] 梁红柱,郭晓莉,赵建成.大叶藓属(*Rhodobryum*)植物组织培养研究[J].贵州师范大学学报(自然科学版),2010,28(4):21-24,45.

[46] CHENY Y,LOU Y X,GUO S L,et al. Successful tissue culture of the medicinal moss *Rhodobryum giganteum* and factors influencing proliferation of its protonemata[J]. Annales botanici fennici,2009,46(6):516-524.

[47] 崔巍,张梅娟,沙伟.毛尖紫萼藓外植体消毒方法及接种培养基的筛选[J].北方园艺,2012(10):138-140.

[48] 沙伟,崔巍,张梅娟.毛尖紫萼藓配子体再生体系的建立[J].北方园艺,2012(16):92-94.

[49] 梁书丰.三种藓类的快速繁殖研究[D].上海:华东师范大学,2010.

[50] 张梅娟,沙伟.东亚砂藓组织培养技术方法研究[J].植物科学学报,2013,31(6):616-622.

[51] 张楠.细叶小羽藓(*Haplocladium microphyllum*)组织培养及栽培研究[D].杭州:浙江农林大学,2011.

[52] 魏志颖,沙伟,张梅娟.山墙藓组织培养条件研究[J].北方园艺,2014(18):114-117.

[53] BEWLEY J D. Physiological aspects of desiccation tolerance [J]. Annual review in plant physiology,1979,30:195-238.

[54] DHINDSA R S,MATOWE W. Drought tolerance in two mosses:correlated with enzymatic defence against lipid peroxidation [J]. Journal of experimental botany,1981,32(126):79-91.

[55] 项俊,赵芳,方元平,等.水分和钙胁迫对苔藓植物生理生化指标的影响[J].环境科学与技术,2010,33(2):70-74.

[56] OLIVER M J,BEWLEY J D. Plant desiccation and protein synthesis. IV. RNA synthesis,stability,and recruitment of RNA into protein synthesis during desiccation and rehydration of the desiccation-tolerant moss, *Tortula ruralis* [J]. Plant physiology,1984,74(1):21-25.

[57] 张显强,罗在柒,唐金刚,等.高温和干旱胁迫对鳞叶藓游离脯氨酸和可溶

性糖含量的影响[J].广西植物,2004,24(6):570-573.

[58] 徐杰,白学良,田桂泉,等.干旱半干旱地区生物结皮层藓类植物氨基酸和营养物质组成特征及适应性分析[J].生态学报,2005,25(6):1247-1255.

[59] 沙伟,王欢,师帅.旱后复水对东亚砂藓生理生化指标的影响[J].武汉植物学研究,2010,28(2):246-249.

[60] 张萍,白学良,钟秀丽.苔藓植物耐旱机制研究进展[J].植物学通报,2005,22(1):107-114.

[61] 宋婷,张谧,高吉喜,等.快速叶绿素荧光动力学及其在植物抗逆生理研究中的应用[J].生物学杂志,2011,28(6):81-86.

[62] BECKETT R P,CSINTALAN Z,TUBA Z. ABA treatment increases both the desiccation tolerance of photosynthesis, and nonphotochemical quenching in the moss *Atrichum undulatum*[J]. Plant ecology,2000,151:65-71.

[63] 衣艳君,刘家尧.毛尖紫萼藓(*Grimmia pilifera* P. Beauv)PSⅡ光化学效率对脱水和复水的响应[J].生态学报,2007(12):5238-5244.

[64] FRANK W,RATNADEWI D,RESKI R. *Physcomitrella patens* is highly tolerant against drought, salt and osmotic stress[J]. Planta,2005,220(3):384-394.

[65] KAMISUGI Y,CUMING A C. The evolution of the abscisic acid-response in land plants:comparative analysis of group 1 *LEA* gene expression in moss and cereals[J]. Plant molecular biology,2005,59(5):723-737.

[66] SAAVEDRA L,SVENSSON J,CARBALLO V, et al. A dehydrin gene in *Physcomitrella patens* is required for salt and osmotic stress tolerance[J]. Plant journal,2006,45(2):237-249.

[67] RENSING S A,LANG D,ZIMMER A D, et al. The *Physcomitrella* genome reveals evolutionary insights into the conquest of land by plants[J]. Science,2008,319(5859):64-69.

[68] LIÉNARD D,DURAMBUR G,KIEFER-MEYER M C,et al. Water transport by aquaporins in the extant plant *Physeomitrella patens*[J]. Plant physiology,2008,146(3):1207-1218.

[69] RICHARDT S,TIMMERHAUS G,LANG D,et al. Microarray analysis of the moss *Physcomitrella patens* reveals evolutionarily conserved transcriptional regulation of salt stress and abscisic acid signalling[J]. Plant molecular biology,2010,72(1):27-45.

[70] SCOTT H B, OLIVER M J. Accumulation and polysomal recruitment of transcripts in response to desiccation and rehydration of the moss *Tortula ruralis*[J]. Journal of experimental botany,1994,45(5):577-583.

[71] WOOD A J,OLIVER M J. Translational control in plant stress:the formation of messenger ribonucleoprotein particles(mRNPs) in response to desiccation of *Tortula ruralis* gametophytes[J]. The plant journal,1999,18(4):359-370.

[72] WOOD A J,DUFF R J,OLIVER M J. Expressed sequence tags(ESTs) from desiccated *Tortula ruralis* identify a large number of novel plant genes[J]. Plant and cell physiology,1999,40(4):361-368.

[73] CHEN X B,ZENG Q,WOOD A J. The stress-responsive *Tortula ruralis* gene *ALDH*21A1 describes a novel eukaryotic aldehyde dehydrogenase protein family[J]. Journal of plant physiology,2002,159(7):677-684.

[74] SEKI M,NARUSAKA M,ISHIDA J,et al. Monitoring the expression profiles of 7000 *Arabidopsis* genes under drought,cold and high-salinity stresses using a full-length cDNA microarray[J]. The plant journal,2002,31(3):279-292.

[75] OLIVER M J,DOWD S E,ZARAGOZA J,et al. The rehydration transcriptome of the desiccation-tolerant bryophyte *Tortula ruralis*:transcript classification and analysis[J]. BMC genomics,2004,16(5):89.

[76] PENG C A,OLIVER M J,WOOD A J. Is the rehydrin TrDr3 from *Tortula ruralis* associated with tolerance to cold, salinity, and reduced pH? Physiological evaluation of the TrDr3-orthologue,HdeD from Escherichia coli in response to abiotic stress[J]. Plant biologyogy,2005,7(3):315-320.

[77] OLIVER M J, HUDGEONS J, DOWD S E, et al. A combined subtractive suppression hybridization and expression profiling strategy to identify novel desiccation response transcripts from *Tortula ruralis* gametophytes[J]. Physiologia plantarum,2009,136(4):437-460.

[78] LIANG C Y, XI Y, SHU J, et al. Construction of a BAC library of *Physcomitrella patens* and isolation of a *LEA* gene[J]. Plant science,2004,167(3):491-498.

[79] SUN M M,LI L H,XIE H, et al. Differentially expressed genes under cold acclimation in *Physcomitrella patens* [J]. Journal of biochemistry and molecular biology,2007,40(6):986-1001.

[80] 胡家.涉入小立碗藓(*Physcomitrella patens*)干旱应答蛋白质的分离和鉴定[D].北京:首都师范大学,2007.

[81] 杨红兰,张道远,刘燕,等.齿肋赤藓乙醛脱氢酶基因 *ALDH*21 的克隆与表达分析[J].基因组学与应用生物学,2010,29(1):24-30.

[82] YANG H L,ZHANG D Y,WANG J C, et al. Molecular cloning of a stress-responsive aldehyde dehydrogenase gene *ScALDH*21 from the desiccation-tolerant moss *Syntrichia caninervis* and its responses to different stresses[J]. Molecular biology reports,2012,39(3):2645-2652.

[83] 宋晓宏,沙伟,林琳,等.毛尖紫萼藓干旱胁迫 cDNA 文库的构建[J].植物研究,2010,30(6):713-717.

[84] 沙伟,吴力.编码真核启动因子 4E 的毛尖紫萼藓基因 *GH*425 电子克隆及验证分析[J].贵州师范大学学报(自然科学版),2010,28(4):29-32.

[85] 于冰,沙伟,刘卓.东亚砂藓 Cu/Zn SOD 基因的克隆及序列分析[J].安徽农业科学,2012,40(23):11587-11590.

[86] 宋晓宏,沙伟,金忠民,等.毛尖紫萼藓 *GpAPX* 的克隆和信息学分析及其在植株干旱与复水下的表达分析[J].南京农业大学学报,2012,35(2):51-58.

[87] 沙伟,张梅娟,刘博,等.毛尖紫萼藓抗旱相关基因 *Gp-LEA* 的克隆与表达分析[J].西北植物学报,2013,33(9):1724-1730.

[88] VELCULESCU V E,ZHANG L,ZHOU W, et al. Characterization of the yeast transcriptome[J]. Cell,1997,88(2):243-251.

[89] WILHELM B T, LANDRY J R. RNA-Seq-quantitative measurement of expression through massively parallel RNA-sequencing[J]. Methods,2009,48(3):249-257.

[90] 吴琼,孙超,陈士林,等.转录组学在药用植物研究中的应用[J].世界科学技术(中医药现代化),2010,12(3):457-462.

[91] 付畅,黄宇.转录组学平台技术及其在植物抗逆分子生物学中的应用[J].生物技术通报,2011(6):40-46.

[92] ADAMS M D, KELLY J M, GOCAYNE J D, et al. Complementary DNA sequencing:expressed sequence tags and human genome project[J]. Nature,1991,252(5013):1651-1656.

[93] SCHENA M,SHALON D,DAVIS R W,et al. Quantitative monitoring of gene expression patterns with a complementary DNA microarray[J]. Science,1995,270(5235):467-470.

[94] VELCULESCU V E,ZHANG L,VOGELSTEIN B,et al. Serial analysis of gene expression[J]. Science,1995,270(5235):484-487.

[95] POWELL J. Enhanced concatemer cloning—a modification to the SAGE (serial analysis of gene expresson) technique[J]. Nucleic acids research,1998,26(14):3445-3446.

[96] DATSON N A, VAN DER PERK-DE J J, VAN DEN BERG M P, et al. MicroSAGE:a modified procedure for serial analysis of gene expression in limited amounts of tissue [J]. Nucleic acids research, 1999, 27 (5):1300-1307.

[97] VILAIN C,LIBERT F, VENET D, et al. Small amplified RNA-SAGE:an alternative approach to study transcriptome from limiting amount of mRNA [J]. Nucleic acids research,2003,31(6):e24.

[98] BRENNER S,JOHNSON M,BRIDGHAM J,et al. Gene expression analysis by massively parallel signature sequencing(MPSS) on microbead arrays[J]. Nature biotechnology,2000,18(6):630-634.

[99] SANGER F, NICKLEN S, COULSON A R. DNA sequencing with chain-terminating inhibitors[J]. Proceedings of the National Academy of Sciences of the United States of America,1977,74(12):5463-5467.

[100]SHENDURE J, JI H. Next-generation DNA sequencing [J]. Nature biotechnology,2008,26(10):1135-1145.

[101]SCHUSTER S C. Next-generation sequencing transforms today's biology[J]. Nature methods,2008,5(1):16-18.

[102]WILHELM B T,MARGUERAT S,WATT S,et al. Dynamic repertoire of a eukaryotic transcriptome surveyed at single-nucleotide resolution[J]. Nature, 2008,453(7199):1239-1243.

[103]CLOONAN N,FORREST A R R,KOLLE G,et al. Stem cell transcriptome profiling via massive-scale mRNA sequencing[J]. Nature methods,2008,5 (7):613-619.

[104]NAGALAKSHMI U,WANG Z,WAERN K,et al. The transcriptional landscape of the yeast genome defined by RNA sequencing[J]. Science,2008,320 (5881):1344-1349.

[105]MORTAZAVI A,WILLIAMS B A,MCCUE K,et al. Mapping and quantifying mammalian transcriptomes by RNA-Seq[J]. Nature methods,2008,5(7): 621-628.

[106]WANG E T,SANDBERG R,LUO S J,et al. Alternative isoform regulation in human tissue transcriptomes[J]. Nature,2008,456(7221):470-476.

[107]MAHER C A,KUMAR-SINHA C,CAO X H,et al. Transcriptome sequencing to detect gene fusions in cancer[J]. Nature,2009,458(7234):97-101.

[108]MORIN R,BAINBRIDGE M,FEJES A,et al. Profiling the HeLa S3 transcriptome using randomly primed cDNA and massively parallel short-read sequencing[J]. Biotechniques,2008,45(1):81-94.

[109]FILICHKIN S A,PRIEST H D,GIVAN S A,et al. Genome-wide mapping of alternative splicing in *Arabidopsis thaliana*[J]. Genome research,2010,20 (1):45-58.

[110]CHEPELEV I,WEI G,TANG Q S,et al. Detection of single nucleotide variations in expressed exons of the human genome using RNA-Seq[J]. Nucleic acids research,2009,37(16):e106.

[111]ZENONI S,FERRARINI A,GIACOMELLI E,et al. Characterization of transcriptional complexity during berry development in *Vitis vinifera* using RNA-Seq[J]. Plant physiology,2010,152(4):1787-1795.

[112]VILLAR E,KLOPP E,NOIROT C,et al. RNA-Seq reveals genotype-specific molecular responses to water deficit in eucalyptus[J]. BMC genomics,2011, 12:538.

[113]SEVERIN A J,WOODY J L,BOLON Y T,et al. RNA-Seq atlas of *Glycine max*:a guide to the soybean transcriptome[J]. BMC plant biologyogy,2010, 10:160.

[114]YANG S S, TU Z J, CHEUNG F, et al. Using RNA - Seq for gene identification,polymorphism detection and transcript profiling in two alfalfa genotypes with divergent cell wall composition in stems[J]. BMC genomics, 2011,12:199.

[115]LI Z,ZHANG Z H,YAN P C,et al. RNA-Seq improves annotation of protein-coding genes in the cucumber genome[J]. BMC genomics,2011,12:540.

[116]DUAN J L,XIA C, ZHAO G Y, et al. Optimizing *de novo* common wheat transcriptome assembly using short-read RNA-Seq data[J]. BMC genomics, 2012,13:392.

[117]SUN X D, ZHOU S M, MENG F L, et al. De novo assembly and characterization of the garlic(*Allium sativum*) bud transcriptome by Illumina sequencing[J]. Plant cell reports,2012,31(10):1823-1828.

[118]WANG Z,ZHANG J B,JIA C H,et al. De novo characterization of the banana root transcriptome and analysis of gene expression under *Fusarium oxysporum* f. sp. Cubense tropical race 4 infection[J]. BMC genomics,2012,13:650.

[119]XIE F L,BURKLEW C E, YANG Y F, et al. De novo sequencing and a comprehensive analysis of purple sweet potato (*Impomoea batatas* L.) transcriptome[J]. Planta,2012,236(1):101-113.

[120]BLEEKER P M,SPYROPOULOU E A,DIERGAARDE P J,et al. RNA-Seq discovery, functional characterization, and comparison of sesquiterpene synthases from *Solanum lycopersicum* and *Solanum habrochaites* trichomes[J]. Plant molecular biology,2011,77(4-5):323-336.

[121]BARRERO R A, CHAPMAN B, YANG Y F, et al. De novo assembly of *Euphorbia* fischeriana root transcriptome identifies prostratin pathway related

genes[J]. BMC genomics,2011,12:600.

[122]BIRNEY E,STAMATOYANNOPOULOS J A,DUTTA A,et al. Identification and analysis of functional elements in 1% of the human genome by the ENCODE pilot project[J]. Nature,2007,447(7146):799-816.

[123]SUNKAR R,LI Y F,JAGADEESWARAN G. Functions of microRNAs in plant stress responses[J]. Trends in plant science,2012,17(4):196-203.

[124]LISTER R,O'MALLEY R C,TONTI-FILIPPINI J,et al. Highly integrated single-base resolution maps of the epigenome in *Arabidopsis*[J]. Cell,2008, 133(3):523-536.

[125]LU T T,LU G J,FAN D L,et al. Function annotation of the rice transcriptome at single-nucleotide resolution by RNA-Seq[J]. Genome research,2010,20 (9):1238-1249.

[126]施定基,冉亮,宁叶,等.苔藓分子生物学的一些进展[J].贵州科学,2001, 19(4):1-5.

[127]CAO T,ZHU R L,TAN B C,et al. A report of the first national red list of Chinese endangered bryophytes[J]. Journal-hattori botanical laboratory, 2006,99:275-295.

[128]AHMED M G U,SHIN S L,LEE C H. *In vitro* culture responses of *Cratoneuron decipiens*(Brid.) G. Roth gametophyte for micropropagation[J]. Horticulture,environment,and biotechnology,2011,52(6):614-620.

[129]MURASHIGE T,SKOOG F. A revised medium for rapid growth and bioassays with tobacco tissue cultures[J]. Physiologia plantarum,1962,15:473-497.

[130]肖显华,王顺珍,林荣双,等.植物材料表面消毒方法的改进[J].生物技术,1999(1):43-46.

[131]HORNSCHUH M,GROTHA R,KUTSCHERA U. Epiphytic bacteria associated with the Bryophyte *Funaria hygrometrica*:effects of *Methylobacterium* strains on protonema development[J]. Plant biology,2002,4(6):682-687.

[132]SHARON B B. The sporeling ontogeny of *Pellia epiphylla*(L.) Corda and *Pellia neesiana*(Gott.) Limpr. with special reference to the protonema[J]. Journal-hattori botanical laboratory,1996,79:115-128.

[133]ROWNTREE J K. Development of novel methods for the initiation of *in vitro* bryophyte cultures for conservation[J]. Plant cell,tissue and organ culture, 2006,87(2):191-201.

[134]VUJIČIĆ M,SABOVLJEVIĆ A,SABOVLJEVIĆ M S. Axenically culturing the bryophytes: a case study of the moss *Dicranum scoparium* Hedw. (Dicranaceae,Bryophyta)[J]. Botanica SERBICA,2009,33(2):137-140.

[135]NITSCH J P. Experimental and rogenesis in *Nicotiana*[J]. Phytomorphology, 1969,19:390-404.

[136]SUNDERLAND N, WICKS F M. Embryoid formation in pollen grains of *Nicotiana tabacum*[J]. Journal of experimental botany, 1971, 22 (1): 213-216.

[137]黄莺,刘仁祥,武筑珠,等. 活性碳、微量元素、大量元素对烟草花药培养的影响[J]. 贵州农业科学,1999(4):1-5.

[138]SMEEKENS S, ROOK F. Sugar sensing and sugar－mediated signal transduction in plants[J]. Plant physiology,1997,115:7-13.

[139]SMEEKENS S. Sugar－induced signal transduction in plants[J]. Annual review of plant physiology & plant molecular,2000,51:49-81.

[140]KOWALCZYK A,PRZYWARA L,KUTA E. *In vitro* culture of liverworts[J]. Acta biologica Craeoviensia. Series botanica,1997,39:27-33.

[141]DECKER E L,FRANK W,SARNIGHAUSEN E,et al. Moss systems biology en route: phytohormones in *Physcomitrella* development[J]. Plant biology, 2006,8(3):397-406.

[142]GANG Y Y, DU G S,SHI D J,et al. Establishment of *in vitro* regeneration system of the *Atrichum* mosses[J]. Acta botanica sinica,2003,45(12):1475-1480.

[143]BIJELOVIC A, SABOVLJEVI Ć M, GRUBISIC D, et al. Phytohormone influence on the morphogenesis of two mosses(*Bryum argenteum* Hedw. and *Atrichum undulatum* Hedw. P. Beauv.)[J]. Israel journal of plant sciences, 2004,52(10):31-36.

[144]CHATURVEDI P, VASHISTHA B D. Effect of some phytohormones on the

growth and morphogenesis of *Brachymenium bryoides* Hook. ex Schwaegr[J]. Proceedings of the National Academy of Sciences, India-section b: biological sciences, 2009, 79: 161-164.

[145]张志良,瞿伟菁. 植物生理学实验指导[M]. 3 版. 北京:高等教育出版社,2003.

[146]吴楠,魏美丽,张元明. 生物土壤结皮中刺叶赤藓质膜透性对脱水、复水过程的响应[J]. 自然科学进展,2009,19(9):942-951.

[147]潘瑞炽. 植物生理学[M]. 北京:高等教育出版社,2008.

[148]WANG X, CHEN S, ZHANG H, et al. Desiccation tolerance mechanism in resurrection fern-ally *Selaginella tamariscina* revealed by physiological and proteomic analysis [J]. Journal of proteome research, 2010, 9 (12): 6561-6577.

[149]杜宝明. 大灰藓(*Hypnum plumaeforme*)的栽培和抗旱性研究[D]. 杭州:浙江农林大学,2011.

[150]HENDRICKSON L, FURBANK R T, CHOW W S. A simple alternative approach to assessing the fate of absorbed light energy using chlorophyll fluorescence[J]. Photosynthesis research, 2004, 82(1): 73-81.

[151]付秋实,李红岭,崔健,等. 水分胁迫对辣椒光合作用及相关生理特性的影响[J]. 中国农业科学,2009,42(5):1859-1866.

[152]LU C, ZHANG J H. Effects of water stress on photosystem II photochemistry and its thermostability in wheat plants [J]. Australian journal of plant physiology, 1998, 50(336): 1199-1206.

[153]宋晓宏. 毛尖紫萼藓(*Grimmia pilifera*)cDNA 文库构建及抗旱相关基因克隆与分析[D]. 哈尔滨:东北林业大学,2011.

[154]GRABHERR M G, HAAS B J, YASSOUR M, et al. Full-length transcriptome assembly from RNA-Seq data without a reference genome [J]. Nature biotechnology, 2011, 29(7): 644-652.

[155]ISELI C, JONGENEEL C V, BUCHER P. ESTScan: a program for detecting, evaluating, and reconstructing potential coding regions in EST sequences[J]. Proceedings of the seventh international conference on intelligent systems for

molecular biology,1999(1):138-148.

[156]CONESA A,GÖTZ S,GARCÍA-GÓMEZ J M,et al. Blast2GO:a universal tool for annotation,visualization and analysis in functional genomics research[J]. Bioinformatics,2005,21(18):3674-3676.

[157]YE J,FANG L,ZHENG H K, et al. WEGO:a web tool for plotting GO annotations[J]. Nucleic acids research,2006,34:293-297.

[158]MORTAZAVI A,WILLIAMS B A,MCCUE K,et al. Mapping and quantifying mammalian transcriptomes by RNA-Seq[J]. Nature methods,2008,5(7):621-628.

[159]AUDIC S,CLAVERIE J M. The significance of digital gene expression profiles [J]. Genome research,1997,7(10):986-995.

[160]张梅娟,沙伟,刘博,等.东亚砂藓甘油醛-3-磷酸脱氢酶基因的克隆及表达分析[J].安徽农业科学,2014,42(25):8506-8510.

[161]MAHAJAN S,TUTEJA N. Cold, salinity and drought stresses:an overview [J]. Archives of biochemistry & biophysics,2005,444(2):139-158.

[162]XIONG L M,SCHUMAKER K S, ZHU J K. Cell signaling during cold, drought,and salt stress[J]. Plant cell,2002,14:165-183.

[163]SHAO H B,GUO Q J,CHU L Y,et al. Understanding molecular mechanism of higher plant plasticity under abiotic stress[J]. Colloids surf b biointerfaces, 2007,54(1):37-45.

[164]张之为,赵君,樊明寿,等.植物小 G 蛋白的研究进展[J].西北植物学报, 2009,29(3):622-628.

[165]GU Y,WANG Z H, YANG Z B. ROP/RAC GTPase:an old new master regulator for plant signaling[J]. Current opinion in plant biology,2004,7(5): 527-536.

[166]林群婷,梁卫红,李辉,等.水稻 Rop 基因 *OsRac*5 的表达特性[J].植物生理学报,2013,49(12):1400-1406.

[167]SHANG Y,YAN L,LIU Z Q,et al. The Mg-chelatase H subunit of *Arabidopsis* antagonizes a group of WRKY transcription repressors to relieve ABA-responsive genes of inhibition[J]. Plant cell,2010,22(6):1909-1935.

[168] OSAKABE Y, MARUYAMA K, SEKI M, et al. Leucine-rich repeat receptor-like kinase1 is a key membrane – bound regulator of abscisic acid early signaling in *Arabidopsis*[J]. Plant cell, 2005, 17(4):1105-1119.

[169] NISHIYAMA R, MIZUNO H, OKADA S, et al. Two mRNA species encoding calcium – dependent protein kinases are differentially expressed in sexual organs of *Marchantia polymorpha* through alternative splicing[J]. Plant and cell physiology, 1999, 40(2):205-212.

[170] ZHENG Z L, NAFISI M, TAM A, et al. Plasma membrane-associated ROP10 small GTPase is a specific negative regulator of abscisic acid responses in *Arabidopsis*[J]. Plant cell, 2002, 14(11):2787-2797.

[171] LI Z X, KANG J, SUI N, et al. ROP11 GTPase is a negative regulator of multiple ABA responses in *Arabidopsis* [J]. Journal of integrative plant biology, 2012, 54(3):169-179.

[172] XU T D, WEN M Z, NAGAWA S, et al. Cell surface-and rho GTPase-based auxin signaling controls cellular interdigitation in *Arabidopsis*[J]. Cell, 2010, 143(1):99-110.

[173] 牛杰. 香蕉小 G 蛋白基因 *MaROP*1 转化拟南芥的初步研究[D]. 海口:海南大学, 2011.

[174] BARTELS D, SOUER E. Molecular responses of higher plants to dehydration [J]. Plant responses to abiotic stress, 2003, 4:9-38.

[175] JAKOBY M, WEISSHAAR B, DRÖGE-LASER W, et al. bZIP transcription factors in *Arabidopsis*[J]. Trends in plant science, 2002, 7(3):106-111.

[176] 孙晓丽, 李勇, 才华, 等. 拟南芥 bZIP1 转录因子通过与 ABRE 元件结合调节 ABA 信号传导[J]. 作物学报, 2011, 37(4):612-619.

[177] 才华, 朱延明, 柏锡, 等. 野生大豆 *GsbZIP*33 基因的分离及胁迫耐性分析 [J]. 分子植物育种, 2011, 9(4):397-401.

[178] KANG J Y, CHOI H I, IM M Y, et al. *Arabidopsis* basic leucine zipper proteins that mediate stress-responsive abscisic acid signaling[J]. Plant cell, 2002, 14 (2):343-357.

[179] SAKUMA Y, MARUYAMA K, QIN F, et al. Dual function of an *Arabidopsis*

transcription factor DREB2A in water-stress-responsive and heat-stress-responsive gene expression[J]. Proceedings of the National Academy of Sciences of the United States of America,2006,103(49):18822-18827.

[180] LIAO Y, ZOU H F, WEI W, et al. Soybean *GmbZIP*44, *GmbZIP*62 and *GmbZIP*78 genes function as negative regulator of ABA signaling and confer salt and freezing tolerance in transgenic *Arabidopsis*[J]. Planta, 2008, 228 (2):225-240.

[181] XIANG Y, TANG N, DU H, et al. Characterization of *OsbZIP*23 as a key player of the basic leucine zipper transcription factor family for conferring abscisic acid sensitivity and salinity and drought tolerance in rice[J]. Plant physiology,2008,148(4):1938-1952.

[182] HSIEH T H, LI C W, SU R C, et al. A tomato bZIP transcription factor, *SlAREB*, is involved in water deficit and salt stress response[J]. Planta,2010, 231(6):1459-1473.

[183] YING S, ZHANG D F, FU J, et al. Cloning and characterization of a maize bZIP transcription factor, *ZmbZIP*72, confers drought and salt tolerance in transgenic *Arabidopsis*[J]. Planta,2012,235(2):253-266.

[184] 王镜岩,朱圣庚,徐长法. 生物化学[M]. 北京:高等教育出版社,2002.

[185] DANSHINA P V, SCHMALHAUSEN E V, AVETISYAN A V, et al. Mildly oxidized glyceraldehydes-3-phosphate dehydrogenase as a possible regulator of glycolysis[J]. IUBMB Life,2001,51(5):309-314.

[186] 张旸,郭海俊,刘龙飚,等. 星星草 *PtGAPDH* 基因的克隆与表达分析[J]. 草业学报,2014,23(2):207-214.

[187] YANG Y, KWON H B, PENG H P, et al. Stress responses and metabolic regulation of glyceraldehyde-3-phosphate dehydrogenase genes in *Arabidopsis* [J]. Plant physiology,1993,101(1):209-216.

[188] BARBER R D, HARMER D W, COLEMAN R A, et al. *GAPDH* as a housekeeping gene:analysis of *GAPDH* mRNA expression in a panel of 72 human tissues[J]. Physiological genomics,2005,21(3):389-395.

[189] SÁNCHEZ-BEL P, EGEA I, SÁNCHEZ-BALLESTA M T, et al.

Understanding the mechanisms of chilling injury in bell pepper fruits using the proteomic approach[J]. Journal of proteomics,2012,75(17):5463-5478.

[190]LIIV I, HALJASORG U, KISAND K, et al. AIRE - induced apoptosis is associated with nuclear translocation of stress sensor protein GAPDH[J]. Biochemical and biophysical research communications,2012,423(1):32-37.

[191]于丽丽,高彩球,王玉成,等.柽柳甘油醛-3-磷酸脱氢酶基因的克隆与表达分析[J].东北林业大学学报,2010,38(7):105-108.

[192]MEREWITZ E B, GIANFAGNA T, HUANG B R. Protein accumulation in leaves and roots associated with improved drought tolerance in creeping bentgrass expressing an ipt gene for cytokinin synthesis [J]. Journal of experimental botany,2011,62(5):5311-5333.

[193]ZIAF K, LOUKEHAICH R, GONG P J, et al. A multiple stress - responsive gene *ERD*15 from *Solanum pennellii* confers stress tolerance in tobacco[J]. Plant & cell physiology,2011,52(6):1055-1067.

[194]李高岩,蒋广龙,杨奇志,等.植物信号转导中的双组分体系[J].首都师范大学学报(自然科学版),2004,25(3):65-68,72.

[195]潘雅姣,王迪,朱苓华,等.水稻双组分系统基因干旱胁迫表达谱分析[J].作物学报,2009,35(9):1628-1636.

[196]谢灿,张劲松,陈受宜.蛋白磷酸化与两组分信号系统[J].生物工程进展,2001,21(6):9-14.

[197]NONGPIUR R, SONI P, KARAN R, et al. Histidine kinases in plants:cross talk between hormone and stress responses[J]. Plant signaling & behavior,2012,7(10):1230-1237.

[198]NISHIYAMA R, WATANABE Y, LEYVA-GONZALEZ M A, et al. *Arabidopsis* AHP2, AHP3, and AHP5 histidine phosphotransfer proteins function as redundant negative regulators of drought stress response[J]. Proceedings of the National Academy of Sciences of the United States of America,2013,110(12):4840-4845.

[199]康宗利,杨玉红.生长素受体之谜得到初步破解[J].植物生理学通讯,2006,42(1):105-108.

[200]PÉREZ-TORRES C A, LÓPEZ - BUCIO J, CRUZ - RAMÍREZ A, et al. Phosphate availability alters lateral root development in *Arabidopsis* by modulating auxin sensitivity via a mechanism involving the TIR1 auxin receptor[J]. Plant cell,2008,20(12):3258-3272.

[201]陈金焕,夏新莉,尹伟伦.植物 2C 类蛋白磷酸酶及其在逆境信号转导中的作用[J].北京林业大学学报,2010,32(5):168-171.

[202]杜驰,张富春.植物蛋白磷酸酶 2C 在非生物胁迫信号通路中的调控作用[J].生物技术通报,2014(8):16-22.

[203]徐云峰,李大鹏,谷令坤,等.玉米根系蛋白磷酸酶基因 *ZmPP2C* 的克隆及表达特性[J].植物生理与分子生物学学报,2005,31(2):183-189.

[204]刘丽霞.玉米根系蛋白磷酸酶基因 *ZmPP2C* 功能分析及遗传转化研究[D].泰安:山东农业大学,2008.

[205]阮海华,徐朗莱.2C 类蛋白磷酸酶的结构与功能研究进展[J].南京农业大学学报,2007,30(1):136-141.

[206]MESKIENE I, BAUDOUIN E, SCHWEIGHOFER A, et al. Stress - induced protein phosphatase 2C is a negative regulator of a mitogen-activated protein kinase[J]. Journal of biological chemistry,2003,278(21):18945-18952.

[207]王丽,刘洋,李德全.植物干旱胁迫信号转导及其调控机制研究进展[J].生物技术通报,2012(10):1-7.

[208]NAN W B, WANG X M, YANG L, et al. Cyclic GMP is involved in auxin signalling during *Arabidopsis* root growth and development[J]. Journal of experimental botany,2014,65(6):1571-1583.

[209]IGLESIAS M J, TERRILE M C, CASALONGUÉ C A. Auxin and salicylic acid signalings counteract the regulation of adaptive responses to stress[J]. Plant signaling & behavior,2011,6(3):452-454.

[210]IGLESIAS M J, TERRILE M C, WINDELS D, et al. MiR393 regulation of auxin signaling and redox-related components during acclimation to salinity in *Arabidopsis*[J]. PLoS ONE,2014,9(9):e107678.

[211]张春蕾,沙伟,张梅娟,等.砂藓生长素受体基因 *RcTIR1* 的克隆及表达分析[J].基因组学与应用生物学,2015,34(1):100-105.

[212]何亮.玉米2C型丝氨酸/苏氨酸蛋白磷酸酶活性与耐旱性的关系[D].雅安:四川农业大学,2008.

[213]倪飞.鸢尾蛋白磷酸酶2C(*PP2C*)基因的克隆和功能分析及拟南芥*PP2C*基因家族的鉴定和基因组学分析[D].泰安:山东农业大学,2009.

[214]KOMATSU K,NISHIKAWA Y,OHTSUKA T,et al. Functional analyses of the ABI1-related protein phosphatase type 2C reveal evolutionarily conserved regulation of abscisic acid signaling between *Arabidopsis* and the moss *Physcomitrella* patens[J]. Plant molecular biology,2009,70(3):327-340.

[215]BROCK A K, WILLMANN R, KOLB D, et al. The *Arabidopsis* mitogen-activated protein kinase phosphatase PP2C5 affects seed germination,stomatal aperture,and abscisic acid-inducible gene expression[J]. Plant physiology,2010,153(3):1098-1111.

[216]颜彦,胡伟.短柄草2C型蛋白磷酸酶基因*BdPP2C2*的克隆及表达分析[J].广东农业科学,2014,41(12):156-160.

[217]郭小珍.干旱胁迫对番茄和蜀葵幼苗叶片叶绿素含量的影响[J].农业科技通讯,2014(11):116-117.

[218]黄承建,赵思毅,王龙昌,等.干旱胁迫对苎麻叶绿素含量的影响[J].中国麻业科学,2012,34(5):208-212.

[219]李芬,康志钰,邢吉敏,等.水分胁迫对玉米杂交种叶绿素含量的影响[J].云南农业大学学报,2014,29(1):32-36.

[220]潘昕,邱权,李吉跃,等.干旱胁迫对两种速生树种叶绿素含量的影响[J].桉树科技,2013,30(3):17-22.

[221]吴嘉雯,王庆亚.干旱胁迫对野生和栽培蒲公英抗性生理生化指标的影响[J].江苏农业学报,2010(2):264-271.

[222]周芳,刘恩世,孙海彦,等.水分胁迫对干旱锻炼后木薯叶片内脱落酸、脯氨酸及可溶性糖含量的影响[J].西南农业学报,2013,26(4):1428-1433.

[223]李波,贾秀峰,白庆武,等.干旱胁迫对苜蓿脯氨酸累积的影响[J].植物研究,2003,23(2):189-191.

[224]刘仁建,唐亚伟,原红军.干旱胁迫时青稞叶片可溶性糖含量变化研究[J].西藏农业科技,2013,35(4):5,9-11.

[225] 史玉炜,王燕凌,李文兵,等.水分胁迫对刚毛柽柳可溶性蛋白、可溶性糖和脯氨酸含量变化的影响[J].新疆农业大学学报,2007,30(2):5-8.

[226] 袁有波,李继新,丁福章,等.干旱胁迫对烤烟叶片脯氨酸和可溶性蛋白质含量的影响[J].安徽农业科学,2008,36(21):8891-8892.

[227] 聂石辉.大麦抗旱的生理生化机理研究及种质资源抗旱性评价[D].石河子:石河子大学,2011.

[228] 丁玉梅,马龙海,周晓罡,等.干旱胁迫下马铃薯叶片脯氨酸、丙二醛含量变化及与耐旱性的相关性分析[J].西南农业学报,2013,26(1):106-110.

[229] 张仁和,郑友军,马国胜,等.干旱胁迫对玉米苗期叶片光合作用和保护酶的影响[J].生态学报,2011,31(5):1303-1311.

[230] 梁新华,史大刚.干旱胁迫对光果甘草幼苗根系 MDA 含量及保护酶 POD、CAT 活性的影响[J].干旱地区农业研究,2006,24(3):108-110.